2012—2013

绿色建筑选用产品导向目录

2012—2013 Green Building Product Selection Guide Directory

中国建材检验认证集团股份有限公司
国家建筑材料测试中心
编

中国建材工业出版社

图书在版编目(CIP)数据

2012—2013绿色建筑选用产品导向目录 / 中国建材检验认证集团股份有限公司，国家建筑材料测试中心编. -- 北京 : 中国建材工业出版社，2014.6
ISBN 978-7-5160-0836-2

Ⅰ. ①2… Ⅱ. ①中… ②国… Ⅲ. ①生态建筑—产品目录—中国—2013 Ⅳ. ①TU18-63

中国版本图书馆CIP数据核字(2014)第103235号

2012—2013绿色建筑选用产品导向目录
中国建材检验认证集团股份有限公司
国家建筑材料测试中心 编

出版发行：中国建材工业出版社
地　　址：北京市西城区车公庄大街6号
邮　　编：100044
经　　销：全国各地新华书店
印　　刷：北京中科印刷有限公司
开　　本：889mm×1194mm 1/16
印　　张：15.25
字　　数：240 千字
版　　次：2014年6月第1版
印　　次：2014年6月第1次
定　　价：168.00元

网上书店：www.jccbs.com.cn　　公众微信号：zgjcgycbs
广告经营许可证：京西工商广字第8143号
本书如出现印装质量问题，由我社发行部负责调换。联系电话：(010)88386906

2012—2013
绿色建筑选用产品导向目录

编委会

编著单位

中国建材检验认证集团股份有限公司

国家建筑材料测试中心

中国建材工业出版社
China Building Materials Press

前言

FOREWORD

党的十八大提出了“大力推进生态文明建设”和“推进城镇化”的要求，大力发展生态城市成为了落实十八大精神的重要举措。绿色建筑是生态城市的根基，2013年1月1日，国务院办公厅正式发布《绿色建筑行动方案》（国办发[2013]1号），要求“十二五”期间，我国要发展超过10亿平方米的绿色建筑。

绿色建筑选用绿色建材是业内共识，绿色建材是绿色建筑各项功能目标实现的重要支撑，承载着节能、节水、节材和保障室内环境等重要作用，对建筑材料的选用很大程度上决定了建筑的绿色程度。绿色建材是绿色建筑发展不可或缺的材料，也是建材工业推进结构调整、技术进步和节能减排的着力点。因此，《绿色建筑行动方案》中明确提出“大力发展绿色建材”，并要求“建立绿色建材认证制度，编制绿色建材产品目录，引导规范市场消费。”

中国建材检验认证集团有限公司（以下简称CTC）从“十五”开始，承担多项国家级科研项目，对绿色建材的评价方法以及绿色建筑选用产品的技术标准进行深入研究，形成国内首部《绿色建筑选用产品技术指南》（以下简称《技术指南》）。在上述工作基础上，CTC分别受住建部和工信部的委托，进行绿色建材评价技术的研究与绿色建材评价技术导则的制订。

为促进绿色建材行业发展，引导绿色建筑选用绿色建材，国家建筑材料测试中心经中华人民共和国工商行政管理总局商标局注册了“绿色建筑选用产品”证明商标。该证明商标是用于证明建材产品的性能符合绿色建筑功能需求的标志，受法律保护。每年获得“绿色建筑选用产品证明商标”的企业产品将入编《绿色建筑选用产品导向目录》。

《2012—2013绿色建筑选用产品导向目录》包括绿色建筑与绿色建材相关政策、证明商标管理办法以及2012—2013年度通过认定的一百余项绿色建筑产品，分别按照节能、节水、节材和环保分章节予以介绍。《2012—2013绿色建筑选用产品导向目录》将引领国内绿色建筑的建设模式，搭建绿色建筑与绿色建材的桥梁。该书旨在为建筑设计师、开发商、供应商提供绿色建筑选材指导，通过多种渠道向开发商和建筑师介绍建筑材料新产品、新功能、新应用，将最优秀的企业和产品提供给绿色建筑开发设计师和建筑师，凸显产品高端优势。对于推动行业发展，提高行业、企业的社会知名度，增强优秀企业的市场竞争能力，具有积极重要的作用。

目录
CONTENTS

1 相关政策

2 人物专访

3 商标制度

4 入选产品技术资料

相关政策

XIANGGUANZHENGCE

国务院办公厅
关于转发发展改革委　住房和城乡建设部
《绿色建筑行动方案》的通知

国办发 [2013]1 号

各省、自治区、直辖市人民政府，国务院各部委、各直属机构：

发展改革委、住房和城乡建设部《绿色建筑行动方案》已经国务院同意，现转发给你们，请结合本地区、本部门实际，认真贯彻落实。

国务院办公厅

2013年1月1日

绿色建筑行动方案
发展改革委　住房和城乡建设部

为深入贯彻落实科学发展观，切实转变城乡建设模式和建筑业发展方式，提高资源利用效率，实现节能减排约束性目标，积极应对全球气候变化，建设资源节约型、环境友好型社会，提高生态文明水平，改善人民生活质量，制定本行动方案。

一、充分认识开展绿色建筑行动的重要意义

绿色建筑是在建筑的全寿命期内，最大限度地节约资源、保护环境和减少污染，为人们提供健康、适用和高效的使用空间，与自然和谐共生的建筑。“十一五”以来，我国绿色建筑工作取得明显成效，既有建筑供热计量和节能改造超额完成“十一五”目标任务，新建建筑节能标准执行率大幅度提高，可再生能源建筑应用规模进一步扩大，国家机关办公建筑和大型公共建筑节能监管体系初步建立。但也面临一些比较突出的问题，主要是：城乡建设模式粗放，能源资源消耗高、利用效率低，重规模轻效率、重外观轻品质、重建设轻管理，建筑使用寿命远低于设计使用年限等。

开展绿色建筑行动，以绿色、循环、低碳理念指导城乡建设，严格执行建筑节能强制性标准，扎实推进既有建筑节能改造，集约节约利用资源，提高建筑的安全性、舒适性和健康性，对转变城乡建设模式，破解能源资源瓶颈约束，改善群众生产生活条件，培育节能环保、新能源等战略性新兴产业，具有十分重要的意义和作用。要把开展绿色建筑行动作为贯彻落实科学发展观、大力推进生态文明建设的重要内容，把握我国城镇化和新农村建设加快发展的历史机遇，切实推动城乡建设走上绿色、循环、低碳的科学发展轨道，促进经济社会全面、协调、可持续发展。

二、指导思想、主要目标和基本原则

（一）指导思想

以邓小平理论、“三个代表”重要思想、科学发展观为指导，把生态文明融入城乡建设的全过程，紧紧抓住城镇化和新农村建设的重要战略机遇期，树立全寿命期理念，切实转变城乡建设模式，提高资源利用效率，合理改善建筑舒适性，从政策法规、体制机制、规划设计、标准规范、技术推广、建设运营和产业支撑等方面全面推进绿色建筑行动，加快推进建设资源节约型和环境友好型社会。

（二）主要目标

1. 新建建筑。城镇新建建筑严格落实强制性节能标准，“十二五”期间，完成新建绿色建筑10亿平方米；到2015年末，20%的城镇新建建筑达到绿色建筑标准要求。

2. 既有建筑节能改造。“十二五”期间，完成北方采暖地区既有居住建筑供热计量和节能改造4亿平方米以上，夏热冬冷地区既有居住建筑节能改造5000万平方米，公共建筑和公共机构办公建筑节能改造1.2亿平方米，实施农村危房改造节能示范40万套。到2020年末，基本完成北方采暖地区有改造价值的城镇居住建筑节能改造。

（三）基本原则

1. 全面推进，突出重点。全面推进城乡建筑绿色发展，重点推动政府投资建筑、保障性住房以及大型公共建筑率先执行绿色建筑标准，推进北方采暖地区既有居住建筑节能改造。

2. 因地制宜，分类指导。结合各地区经济社会发展水平、资源禀赋、气候条件和建筑特点，建立健全绿色建筑标准体系、发展规划和技术路线，有针对性地制定有关政策措施。

3. 政府引导，市场推动。以政策、规划、标准等手段规范市场主体行为，综合运用价格、财税、金融等经济手段，发挥市场配置资源的基础性作用，营造有利于绿色建筑发展的市场环境，激发市场主体设计、建造、使用绿色建筑的内生动力。

4. 立足当前，着眼长远。树立建筑全寿命期理念，综合考虑投入产出效益，选择合理的规划、建设方案和技术措施，切实避免盲目的高投入和资源消耗。

三、重点任务

（一）切实抓好新建建筑节能工作

1.科学做好城乡建设规划。在城镇新区建设、旧城更新和棚户区改造中，以绿色、节能、环保为指导思想，建立包括绿色建筑比例、生态环保、公共交通、可再生能源利用、土地集约利用、再生水利用、废弃物回收利用等内容的指标体系，将其纳入总体规划、控制性详细规划、修建性详细规划和专项规划，并落实到具体项目。做好城乡建设规划与区域能源规划的衔接，优化能源的系统集成利用。建设用地要优先利用城乡废弃地，积极开发利用地下空间。积极引导建设绿色生态城区，推进绿色建筑规模化发展。

2.大力促进城镇绿色建筑发展。政府投资的国家机关、学校、医院、博物馆、科技馆、体育馆等建筑，直辖市、计划单列市及省会城市的保障性住房，以及单体建筑面积超过2万平方米的机场、车站、宾馆、饭店、商场、写字楼等大型公共建筑，自2014年起全面执行绿色建筑标准。积极引导商业房地产开发项目执行绿色建筑标准，鼓励房地产开发企业建设绿色住宅小区。切实推进绿色工业建筑建设。发展改革、财政、住房城乡建设等部门要修订工程预算和建设标准，各省级人民政府要制定绿色建筑工程定额和造价标准。严格落实固定资产投资项目节能评估审查制度，强化对大型公共建筑项目执行绿色建筑标准情况的审查。强化绿色建筑评价标识管理，加强对规划、设计、施工和运行的监管。

3.积极推进绿色农房建设。各级住房城乡建设、农业等部门要加强农村村庄建设整体规划管理，制定村镇绿色生态发展指导意见，编制农村住宅绿色建设和改造推广图集、村镇绿色建筑技术指南，免费提供技术服务。大力推广太阳能热利用、围护结构保温隔热、省柴节煤灶、节能炕等农房节能技术；切实推进生物质能利用，发展大中型沼气，加强运行管理和维护服务。科学引导农房执行建筑节能标准。

4.严格落实建筑节能强制性标准。住房城乡建设部门要严把规划设计关口，加强建筑设计方案规划审查和施工图审查，城镇建筑设计阶段要100%达到节能标准要求。加强施工阶段监管和稽查，确保工程质量和安全，切实提高节能标准执行率。严格建筑节能专项验收，对达不到强制性标准要求的建筑，不得出具竣工验收合格报告，不允许投入使用并强制进行整改。鼓励有条件的地区执行更高能效水平的建筑节能标准。

（二）大力推进既有建筑节能改造

1.加快实施“节能暖房”工程。以围护结构、供热计量、管网热平衡改造为重点，大力推进北方采暖地区既有居住建筑供热计量及节能改造，“十二五”期间完成改造4亿平方米以上，鼓励有条件的地区超额完成任务。

2.积极推动公共建筑节能改造。开展大型公共建筑和公共机构办公建筑空调、采暖、通风、照明、热水等用能系统的节能改造，提高用能效率和管理水平。鼓励采取合同能源管理模式进行改造，对项目按节能量予以奖励。推进公共建筑节能改造重点城市示范，继续推行“节约型高等学校”建设。“十二五”期间，完成公共建筑改造6000万平方米，公共机构办公建筑改造6000万平方米。

3.开展夏热冬冷和夏热冬暖地区居住建筑节能改造试点。以建筑门窗、外遮阳、自然通风等为重点，在夏热冬冷和夏热冬暖地区进行居住建筑节能改造试点，探索适宜的改造模式和技术路线。“十二五”期间，完成改造5000万平方米以上。

4.创新既有建筑节能改造工作机制。做好既有建筑节能改造的调查和统计工作，制定具体改造规划。在旧城区综合改造、城市市容整治、既有建筑抗震加固中，有条件的地区要同步开展节能改造。制定改造方案要充分听取有关各方面的意见，保障社会公众的知情权、参与权和监督权。在条件许可并征得业主同意的前提下，研究采用加层改造、扩容改造等方式进行节能改造。坚持以人为本，切实减少扰民，积极推行工业化和标准化施工。住房城乡建设部门要严格落实工程建设责任制，严把规划、设计、施工、材料等关口，确保工程安全、质量和效益。节能改造工程完工后，应进行建筑能效测评，对达不到要求的不得通过竣工验收。加强宣传，充分调动居民对节能改造的积极性。

（三）开展城镇供热系统改造

实施北方采暖地区城镇供热系统节能改造，提高热源效率和管网保温性能，优化系统调节能力，改善管网热平衡。撤并低能效、高污染的供热燃煤小锅炉，因地制宜地推广热电联产、高效锅炉、工业废热利用等供热技术。推广“吸收式热泵”和“吸收式换热”技术，提高集中供热管网的输送能力。开展城市老旧供热管网系统改造，减少管网热损失，降低循环水泵电耗。

（四）推进可再生能源建筑规模化应用

积极推动太阳能、浅层地能、生物质能等可再生能源在建筑中的应用。太阳能资源适宜地区应在2015年前出台太阳能光热建筑一体化的强制性推广政策及技术标准，普及太阳能热水利用，积极推进被动式太阳能采暖。研究完善建筑光伏发电上网政策，加快微电网技术研发和工程示范，稳步推进太阳能光伏在建筑上的应用。合理开发浅层地热能。财政部、住房城乡建设部研究确定可再生能源建筑规模化应用适宜推广地区名单。开展可再生能源建筑应用地区示范，推动可再生能源建筑应用集中连片推广，到2015年末，新增可再生能源建筑应用面积25亿平方米，示范地区建筑可再生能源消费量占建筑能耗总量的比例达到10%以上。

（五）加强公共建筑节能管理

加强公共建筑能耗统计、能源审计和能耗公示工作，推行能耗分项计量和实时监控，推进公共建筑节能、节水监管平台建设。建立完善的公共机构能源审计、能效公示和能耗定额管理制度，加强能耗监测和节能监管体系建设。加强监管平台建设统筹协调，实现监测数据共享，避免重复建设。对新建、改扩建的国家机关办公建筑和大型公共建筑，要进行能源利用效率测评和标识。研究建立公共建筑能源利用状况报告制度，组织开展商场、宾馆、学校、医院等行业的能效水平对标活动。实施大型公共建筑能耗（电耗）限额管理，对超限额用能（用电）的，实行惩罚性价格。公共建筑业主和所有权人要切实加强用能管理，严格执行公共建筑空调温度控制标准。研究开展公共建筑节能量交易试点。

（六）加快绿色建筑相关技术研发推广

科技部门要研究设立绿色建筑科技发展专项，加快绿色建筑共性和关键技术研发，重点攻克既有建筑节能改造、可再生能源建筑应用、节水与水资源综合利用、绿色建材、废弃物资源化、环境质量控制、提高建筑物耐久性等方面的技术，加强绿色建筑技术标准规范研究，开展绿色建筑技术的集成示范。依托高等院校、科研机构等，加快绿色建筑工程技术中心建设。发展改革、住房城乡建设部门要编制绿色建筑重点技术推广目录，因地制宜推广自然采光、自然通风、遮阳、高效空调、热泵、雨水收集、规模化中水利用、隔音等成熟技术，加快普及高效节能照明产品、风机、水泵、热水器、办公设备、家用电器及节水器具等。

（七）大力发展绿色建材

因地制宜、就地取材，结合当地气候特点和资源禀赋，大力发展安全耐久、节能环保、施工便利的绿色建材。加快发展防火隔热性能好的建筑保温体系和材料，积极发展烧结空心制品、加气混凝土制品、多功能复合一体化墙体材料、一体化屋面、低辐射镀膜玻璃、断桥隔热门窗、遮阳系统等建材。引导高性能混凝土、高强钢的发展利用，到2015年末，标准抗压强度60兆帕以上混凝土用量达到总用量的10%，屈服强度400兆帕以上热轧带肋钢筋用量达到总用量的45%。大力发展预拌混凝土、预拌砂浆。深入推进墙体材料革新，城市城区限制使用黏土制品，县城禁止使用实心黏土砖。发展改革、住房城乡建设、工业和信息化、质检部门要研究建立绿色建材认证制度，编制绿色建材产品目录，引导规范市场消费。质检、住房城乡建设、工业和信息化部门要加强建材生产、流通和使用环节的质量监管和稽查，杜绝性能不达标的建材进入市场。积极支持绿色建材产业发展，组织开展绿色建材产业化示范。

（八）推动建筑工业化

住房城乡建设等部门要加快建立促进建筑工业化的设计、施工、部品生产等环节的标准体系，推动结构件、部品、部件的标准化，丰富标准件的种类，提高通用性和可置换性。推广适合工业化生产的预制装配式混凝土、钢结构等建筑体系，加快发展建设工程的预制和装配技术，提高建筑工业化技术集成水平。支持集设计、生产、施工于一体的工业化基地建设，开展工业化建筑示范试点。积极推行住宅全装修，鼓励新建住宅一次装修到位或菜单式装修，促进个性化装修和产业化装修相统一。

（九）严格建筑拆除管理程序

加强城市规划管理，维护规划的严肃性和稳定性。城市人民政府以及建筑的所有者和使用者要加强建筑维护管理，对符合城市规划和工程建设标准、在正常使用寿命内的建筑，除基本的公共利益需要外，不得随意拆除。拆除大型公共建筑的，要按有关程序提前向社会公示征求意见，接受社会监督。住房城乡建设部门要研究完善建筑拆除的相关管理制度，探索实行建筑报废拆除审核制度。对违规拆除行为，要依法依规追究有关单位和人员的责任。

（十）推进建筑废弃物资源化利用

落实建筑废弃物处理责任制，按照“谁产生、谁负责”的原则进行建筑废弃物的收集、运输和处理。住房城乡建设、发展改革、财政、工业和信息化部门要制定实施方案，推行建筑废弃物集中处理和分级利用，加快建筑废弃物资源化利用技术、装备研发推广，编制建筑废弃物综合利用技术标准，开展建筑废弃物资源化利用示范，研究建立建筑废弃物再生产品标识制度。地方各级人民政府对本行政区域内的废弃物资源化利用负总责，地级以上城市要因地制宜设立专门的建筑废弃物集中处理基地。

四、保障措施

（一）强化目标责任

要将绿色建筑行动的目标任务科学分解到省级人民政府，将绿色建筑行动目标完成情况和措施落实情况纳入省级人民政府节能目标责任评价考核体系。要把贯彻落实本行动方案情况纳入绩效考核体系，考核结果作为领导干部综合考核评价的重要内容，实行责任制和问责制，对作出突出贡献的单位和人员予以通报表扬。

（二）加大政策激励

研究完善财政支持政策，继续支持绿色建筑及绿色生态城区建设、既有建筑节能改造、供热系统节能改造、可再生能源建筑应用等，研究制定支持绿色建材发展、建筑垃圾资源化利用、建筑工业化、基础能力建设等工作的政策措施。对达到国家绿色建筑评价标准二星级及以上的建筑给予财政资金奖励。财政部、税务总局要研究制定税收方面的优惠政策，鼓励房地产开发商建设绿色建筑，引导消费者购买绿色住宅。改进和完善对绿色建筑的金融服务，金融机构可对购买绿色住宅的消费者在购房贷款利率上给予适当优惠。国土资源部门要研究制定促进绿色建筑发展在土地转让方面的政策，住房城乡建设部门要研究制定容积率奖励方面的政策，在土地招拍挂出让规划条件中，要明确绿色建筑的建设用地比例。

（三）完善标准体系

住房城乡建设等部门要完善建筑节能标准，科学合理地提高标准要求。健全绿色建筑评价标准体系，加快制（修）订适合不同气候区、不同类型建筑的节能建筑和绿色建筑评价标准，2013年完成《绿色建筑评价标准》的修订工作，完善住宅、办公楼、商场、宾馆的评价标准，出台学校、医院、机场、车站等公共建筑的评价标准。尽快制（修）订绿色建筑相关工程建设、运营管理、能源管理体系等标准，编制绿色建筑区域规划技术导则和标准体系。住房城乡建设、发展改革部门要研究制定基于实际用能状况，覆盖不同气候区、不同类型建筑的建筑能耗限额，要会同工业和信息化、质检等部门完善绿色建材标准体系，研究制定建筑装修材料有害物限量标准，编制建筑废弃物综合利用的相关标准规范。

（四）深化城镇供热体制改革

住房城乡建设、发展改革、财政、质检等部门要大力推行按热量计量收费，督导各地区出台完善供热计量价格和收费办法。严格执行两部制热价。新建建筑、完成供热计量改造的既有建筑全部实行按热量计量收费，推行采暖补贴“暗补”变“明补”。对实行分户计量有难度的，研究采用按小区或楼宇供热量计量收费。实施热价与煤价、气价联动制度，对低收入居民家庭提供供热补贴。加快供热企业改革，推进供热企业市场化经营，培育和规范供热市场，理顺热源、管网、用户的利益关系。

（五）严格建设全过程监督管理

在城镇新区建设、旧城更新、棚户区改造等规划中，地方各级人民政府要建立并严格落实绿色建设指标体系要求，住房城乡建设部门要加强规划审查，国土资源部门要加强土地出让监管。对应执行绿色建筑标准的项目，住房城乡建设部门要在设计方案审查、施工图设计审查中增加绿色建筑相关内容，未通过审查的不得颁发建设工程规划许可证、施工许可证；施工时要加强监管，确保按图施工。对自愿执行绿色建筑标准的项目，在项目立项时要标明绿色星级标准，建设单位应在房屋施工、销售现场明示建筑节能、节水等性能指标。

（六）强化能力建设

住房城乡建设部要会同有关部门建立健全建筑能耗统计体系，提高统计的准确性和及时性。加强绿色建筑评价标识体系建设，推行第三方评价，强化绿色建筑评价监管机构能力建设，严格评价监管。要加强建筑规划、设计、施工、评价、运行等人员的培训，将绿色建筑知识作为相关专业工程师继续教育培训、执业资格考试的重要内容。鼓励高等院校开设绿色建筑相关课程，加强相关学科建设。组织规划设计单位、人员开展绿色建筑规划与设计竞赛活动。广泛开展国际交流与合作，借鉴国际先进经验。

（七）加强监督检查

将绿色建筑行动执行情况纳入国务院节能减排检查和建设领域检查内容，开展绿色建筑行动专项督查，严肃查处违规建设高耗能建筑、违反工程建设标准、建筑材料不达标、不按规定公示性能指标、违反供热计量价格和收费办法等行为。

（八）开展宣传教育

采用多种形式积极宣传绿色建筑法律法规、政策措施、典型案例、先进经验，加强舆论监督，营造开展绿色建筑行动的良好氛围。将绿色建筑行动作为全国节能宣传周、科技活动周、城市节水宣传周、全国低碳日、世界环境日、世界水日等活动的重要宣传内容，提高公众对绿色建筑的认知度，倡导绿色消费理念，普及节约知识，引导公众合理使用用能产品。

各地区、各部门要按照绿色建筑行动方案的部署和要求，抓好各项任务落实。发展改革委、住房城乡建设部要加强综合协调，指导各地区和有关部门开展工作。各地区、各有关部门要尽快制定相应的绿色建筑行动实施方案，加强指导，明确责任，狠抓落实，推动城乡建设模式和建筑业发展方式加快转变，促进资源节约型、环境友好型社会建设。

“十二五”绿色建筑和绿色生态城区发展规划

住房和城乡建设部

2013年3月

我国正处于工业化、城镇化、信息化和农业现代化快速发展的历史时期，人口、资源、环境的压力日益凸显。为探索可持续发展的城镇化道路，在党中央、国务院的直接指导下，我国先后在天津、上海、深圳、青岛、无锡等地开展了生态城区规划建设，并启动了一批绿色建筑示范工程。建设绿色生态城区、加快发展绿色建筑，不仅是转变我国建筑业发展方式和城乡建设模式的重大问题，也直接关系群众的切身利益和国家的长远利益。为深入贯彻落实科学发展观，推动绿色生态城区和绿色建筑发展，建设资源节约型和环境友好型城镇，实现美丽中国、永续发展的目标，根据《国民经济和社会发展第十二个五年规划纲要》、《节能减排“十二五”规划》、《“十二五”节能减排综合性工作方案》、《绿色建筑行动方案》等，制定本规划。

一、规划目标、指导思想、发展战略和实施路径

（一）规划目标

到“十二五”期末，绿色发展的理念为社会普遍接受，推动绿色建筑和绿色生态城区发展的经济激励机制基本形成，技术标准体系逐步完善，创新研发能力不断提高，产业规模初步形成，示范带动作用明显，基本实现城乡建设模式的科学转型。新建绿色建筑10亿平方米，建设一批绿色生态城区、绿色农房，引导农村建筑按绿色建筑的原则进行设计和建造。“十二五”时期具体目标如下：

1．实施100个绿色生态城区示范建设。选择100个城市新建区域（规划新区、经济技术开发区、高新技术产业开发区、生态工业示范园区等）按照绿色生态城区标准规划、建设和运行。

2．政府投资的党政机关、学校、医院、博物馆、科技馆、体育馆等建筑，直辖市、计划单列市及省会城市建设的保障性住房，以及单体建筑面积超过2万平方米的机场、车站、宾馆、饭店、商场、写字楼等大型公共建筑，2014年起率先执行绿色建筑标准。

3．引导商业房地产开发项目执行绿色建筑标准，鼓励房地产开发企业建设绿色住宅小区，2015年起，直辖市及东部沿海省市城镇的新建房地产项目力争50%以上达到绿色建筑标准。

4．开展既有建筑节能改造。“十二五”期间，完成北方采暖地区既有居住建筑供热计量和节能改造4亿平方米以上，夏热冬冷和夏热冬暖地区既有居住建筑节能改造5000万平方米，公共建筑节能改造6000万平方米；结合农村危房改造实施农村节能示范住宅40万套。

（二）指导思想

以邓小平理论、“三个代表”重要思想和科学发展观为指导，落实加强生态文明建设的要求，紧紧抓住城镇化、工业化、信息化和农业现代化的战略机遇期，牢固树立尊重自然、顺应自然、保护自然的生态文明理念，以绿色建筑发展与绿色生态城区建设为抓手，引导我国城乡建设模式和建筑业发展方式的转变，促进城镇化进程的低碳、生态、绿色转型；以绿色建筑发展与公益性和大型公共建筑、保障性住房建设、城镇旧城更新等惠及民生的实事工程相结合，促

进城镇人居环境品质的全面提升；以绿色建筑产业发展引领传统建筑业的改造提升，占领材料、新能源等新兴产业的制高点，促进低碳经济的形成与发展。

（三）发展战略

在理念导向上，倡导人与自然生态的和谐共生理念，以人为本，以维护城乡生态安全、降低碳排放为立足点，倡导因地制宜的理念，优先利用当地的可再生能源和资源，充分利用通风、采光等自然条件，因地制宜发展绿色建筑，倡导全生命周期理念，全面考虑建筑材料生产、运输、施工、运行及报废等全生命周期内的综合性能。在目标选取上，发展绿色建筑与发展绿色生态城区同步，促进技术进步与推动产业发展同步，政策标准形成与推进过程同步。在推进策略上，坚持先管住增量后改善存量，先政府带头后市场推进，先保障低收入人群后考虑其他群体，先规划城区后设计建筑的思路。

（四）发展路径

一是规模化推进。根据各地区气候、资源、经济和社会发展的不同特点，因地制宜地进行绿色生态城区规划和建设，逐步推动先行地区和新建园区（学校、医院、文化等园区）的新建建筑全面执行绿色建筑标准，推进绿色建筑规模化发展。

二是新旧结合推进。将新建区域和旧城更新作为规模化推进绿色建筑的重要手段。新建区域的建设注重将绿色建筑的单项技术发展延伸至能源、交通、环境、建筑、景观等多项技术的集成化创新，实现区域资源效率的整体提升。旧城更新应在合理规划的基础上，保护历史文化遗产。统筹规划进行老旧小区环境整治；老旧基础设施更新改造；老旧建筑的抗震及节能改造。

三是梯度化推进。充分发挥东部沿海地区资金充足、产业成熟的有利条件，优先试点强制推广绿色建筑，发挥先锋模范带头作用。中部地区结合自身条件，划分重点区域发展绿色建筑。西部地区扩大单体建筑示范规模，逐步向规模化推进绿色建筑过渡。

四是市场化、产业化推进。培育创新能力，突破关键技术，加快科技成果推广应用，开发应用节能环保型建筑材料、装备、技术与产品，限制和淘汰高能耗、高污染产品，大力推广可再生能源技术的综合应用，培育绿色服务产业，形成高效合理的绿色建筑产业链，推进绿色建筑产业化发展。在推动力方面，由政府引导逐步过渡到市场推动，充分发挥市场配置资源的基础性作用，提升企业的发展活力，加大市场主体的融资力度，推进绿色建筑市场化发展。

五是系统化推进。统筹规划城乡布局，结合城市和农村实际情况，在城乡规划、建设和更新改造中，因地制宜纳入低碳、绿色和生态指标体系，严格保护耕地、水资源、生态与环境，改善城乡用地、用能、用水、用材结构，促进城乡建设模式转型。

二、重点任务

（一）推进绿色生态城区建设

在自愿申请的基础上，确定100个左右不小于1.5平方公里的城市新区按照绿色生态城区的标准因地制宜进行规划建设。并及时评估和总结，加快推广。推进绿色生态城区的建设要切实从规划、标准、政策、技术、能力等方面，加大力度，创新机制，全面推进。一是结合城镇体系规划和城市总体规划，制定绿色生态城区和绿色建筑发展规划，因地制宜确定发展目标、路径及相关措施。二是建立并完善适应绿色生态城区规划、建设、运行、监管的体制机制和政策制度以及参考评价体系。三是建立并完善绿色生态城区标准体系。四是加大激励力度，形成财政补贴、税收优惠和贷款贴息等多样化的激励模式。进行绿色生态城区建设专项监督检查，纳入建筑节能和绿色建筑专项检查制度，对各地绿色生态城区的实施效果进行督促检查。五是加大对绿色环保产业扶持力度，制定促进相关产业发展的优惠政策。

建设绿色生态城区的城市应制定生态战略，开发指标体系，实行绿色规划，推动绿色建造，加强监管评价。一是制定涵盖城乡统筹、产业发展、资源节约、生态宜居等内容的绿色生态城区发展战略。二是建立法规和政策激励体系，形成有利于绿色生态城区发展的环境。三是建立包括空间利用率、绿化率、可再生能源利用率、绿色交通比例、材料和废弃物回用比例、非传统水资源利用率等指标的绿色生态城区控制指标体系，进而制定新建区域控制性详细规划，指导绿色生态城区全面建设。四是在绿色生态城区的立项、规划、土地出让阶段，将绿色技术相关要求作为项目批复的前置条件。五是完善绿色生态城区监管机制，严格按照标准对规划、设计、施工、验收等阶段进行全过程监管。六是建立绿色生态城区评估机制，完善评估指标体系，对各项措施和指标的完成情况及效果进行评价，确保建设效果，指导后续建设。

（二）推动绿色建筑规模化发展

一是建立绿色建筑全寿命周期的管理模式，注重完善规划、土地、设计、施工、运行和拆除等阶段的政策措施，提高标准执行率，确保工程质量和综合效益。二是建立建筑用能、用水、用地、用材的计量和统计体系，加强监管，同时完善绿色建筑相关标准和绿色建筑评价标识等制度。三是抓好绿色建筑规划建设环节，确保将绿色建筑指标和标准纳入总体规划、控制性规划、土地出让等环节中。四是注重运行管理，确保绿色建筑综合效益。五是明确部门责任。住房城乡建设部门统筹负责绿色建筑的发展，并会同发改、教育、卫生、商务和旅游等部门制定绿色社区、绿色校园、绿色医院、绿色宾馆的发展目标、政策、标准、考核评价体系等，推进重点领域绿色建筑发展。

（三）大力发展绿色农房

一是住房城乡建设部要制定村镇绿色生态发展指导意见和政策措施，完善村镇规划制度体系，出台绿色生态村镇规划编制技术标准，制定并逐步实施村镇建设规划许可证制度，对小城镇、农村地区发展绿色建筑提出要求。继续实施绿色重点小城镇示范项目。编制村镇绿色建筑技术指南，指导地方完善绿色建筑标准体系。二是省级住房城乡建设主管部门会同有关部门各地开展农村地区土地利用、建设布局、污水垃圾处理、能源结构等基本情况的调查，在此基础上确定地方村镇绿色生态发展重点区域。出台地方鼓励村镇绿色发展的法规和政策。组织编制地方农房绿色建设和改造推广图集。研究具有地方特色、符合绿色建筑标准的建筑材料、结构体系和实施方案。三是市（县）级住房城乡建设主管部门会同有关部门编制符合本地绿色生态发展要求的新农村规划。鼓励农民在新建和改建农房过程中按照地方绿色建筑标准进行农房建设和改造。结合建材下乡，组织农民在新建、改建农房过程中使用适用材料和技术。

（四）加快发展绿色建筑产业

提高自主创新和研发能力，推动绿色技术产业化，加快产业基地建设，培育相关设备和产品产业，建立配套服务体系，促进住宅产业化发展。一是加强绿色建筑技术的研发、试验、集成、应用，提高自主创新能力和技术集成能力，建设一批重点实验室、工程技术创新中心，重点支持绿色建筑新材料、新技术的发展。二是推动绿色建筑产业化，以产业基地为载体，推广技术含量高、规模效益好的绿色建材，并培育绿色建筑相关的工程机械、电子装备等产业。三是加强咨询、规划、设计、施工、评估、测评等企业和机构人员教育和培训。四是大力推进住宅产业化，积极推广适合工业化生产的新型建筑体系，加快形成预制装配式混凝土、钢结构等工业化建筑体系，尽快完成住宅建筑与部品模数协调标准的编制，促进工业化和标准化体系的形成，实现住宅部品通用化，加快建设集设计、生产、施工于一体的工业化基地建设。大力推广住宅全装修，推行新建住宅一次装修到位或菜单式装修，促进个性化装修和产业化装修相统一，对绿色建筑的住宅项目，进行住宅性能评定。五是促进可再生能源建筑的一体化应用，鼓励有条件的地区对适合本地区资源条件及建筑利用条件的可再生能源技术进行强制推广，提高可再生能源建筑应用示范城市的绿色建筑的建设比例，积极发展太阳能采暖等综合利用方式，大力推进工业余热应用于居民采暖，推动可再生能源在建筑领域的高水平应用。六是促进建筑垃圾综合利用，积极推进地级以上城市全面开展建筑垃圾资源化利用，各级住房城乡建设部门要系统推行建筑垃圾收集、运输、处理、再利用等各项工作，加快建筑垃圾资源化利用技术、装备研发推广，实行建筑垃圾集中处理和分级利用，建立专门的建筑垃圾集中处理基地。

（五）着力进行既有建筑节能改造，推动老旧城区的生态化更新改造

一是住房城乡建设部会同有关部门制定推进既有建筑节能改造的实施意见，加强指导和监督，建立既有建筑节能改造长效工作机制。二是制定既有居住、公共建筑节能改造标准及相关规范。三是设立专项补贴资金，各地方财政应安排必要的引导资金予以支持，并充分利用市场机制，鼓励采用合同能源管理等建筑节能服务模式，创新资金投入方式，落实改造费用。四是各地住房城乡建设主管部门负责组织实施既有建筑节能改造，编制地方既有建筑节能改造的工作方案。五是推动城市旧城更新实现“三改三提升”，改造老旧小区环境和安全措施，提升环境质量和安全性，改造供热、供气、供水、供电管网管线，提升运行效率和服务水平，改造老旧建筑的节能和抗震性能，提升建筑的健康性、安全性和舒适性。六是各地住房城乡建设主管部门将节能改造实施过程纳入基本建设程序管理，对施工过程进行全过程全方面监管，确保节能改造工程的质量。七是各地住房城乡建设主管部门在节能改造中应大力推广应用适合本地区的新型节能技术、材料和产品。

三、保障措施

（一）强化目标责任

落实《绿色建筑行动方案》的要求，住房城乡建设部要将规划目标任务科学分解到地方，将目标完成情况和措施落实情况纳入地方住房城乡建设系统节能目标责任评价考核体系。考核结果作为节能减排综合考核评价的重要内容，对作出突出贡献的单位和个人予以表彰奖励，对未完成目标任务的进行责任追究。

（二）完善法规和部门规章

一是健全、完善绿色建筑推广法律法规体系。二是引导和鼓励各地编制促进绿色建筑地方性法规，建立并完善地方绿色建筑法规体系。三是开展《中华人民共和国城乡规划法》和《中华人民共和国建筑法》的修订工作，明确从规划阶段抓绿色建筑，从设计、施工、运行和报废等阶段对绿色建筑进行全寿命期监管。四是加强对绿色建筑相关产业发展的规范管理，依法推进绿色建筑。

（三）完善技术标准体系

一是加快制定《城市总体规划编制和审查办法》，研究编制全国绿色生态城区指标体系、技术导则和标准体系。二是引导省级住房城乡建设主管部门制定适合本地区的绿色建筑标准体系，适合不同气候区的绿色建筑应用技术指南、设备产品适用性评价指南、绿色建材推荐目录。三是加快制定适合不同气候区、不同建筑类型的绿色建筑评价标准。培育和提高地方开展评价标识的能力建设，大力推进地方绿色建筑评价标识。四是制定配套的产品（设备）标准，编制绿色建筑工程需要的定额项目。五是鼓励地方出台农房绿色建筑标准（图集）。

（四）加强制度监管

实行以下十项制度：一是绿色建筑审查制度，在城市规划审查中增加对绿色生态指标的审查内容，对不符合要求的规划不予以批准，在新建区域、建筑的立项审查中增加绿色生态指标的审查内容。二是建立绿色土地转让制度，将可再生能源利用强度、再生水利用率、建筑材料回用率等涉及绿色建筑发展指标列为土地转让的重要条件。三是绿色建筑设计专项审查制度，地方各级住房城乡建设主管部门在施工图设计审查中增加绿色建筑专项审查，达不到要求的不予通过。四是施工的绿色许可制度，对于不满足绿色建造要求的建筑不予颁发开工许可证。五是实行民用建筑绿色信息公示制度，建设单位在房屋施工、销售现场，根据审核通过的施工图设计文件，把民用建筑的绿色性能以张贴、载明等方式予以明示。六是建立节水器具和太阳能建筑一体化强制推广制度，不使用符合要求产品的项目，建设单位不得组织竣工验收，住房城乡建设主管部门不得进行竣工验收备案；对太阳能资源适宜地区及具备条件的建筑强制推行太阳能光热建筑一体化系统。七是建立建筑的精装修制度，对国家强制推行绿色建筑的项目实行精装修制度，对未按要求实行精装修的绿色建筑不予颁发销售许可证。八是完善绿色建筑评价标识制度，建立自愿性标识与强制性标识相结合的推进机制，对按绿色建筑标准设计建造的一般住宅和公共建筑，实行自愿性评价标识，对按绿色建筑标准设计建造的政府投资的保障性住房、学校、医院等公益性建筑及大型公共建筑，率先实行评价标识，并逐步过渡到对所有新建绿色建筑均进行评价标识。九是建立建筑报废审批制度，不符合条件的建筑不予拆除报废；需拆除报废的建筑，所有权人、产权单位应提交拆除后的建筑垃圾回用方案，促进建筑垃圾再生回用。十是建立绿色建筑职业资格认证制度，全面培训绿色生态城区规划和绿色建筑设计、施工、安装、评估、物业管理、能源服务等方面的人才，实行考证并持证上岗制度。

（五）创新体制机制

规划期内要着重建立和完善如下体制与机制：一是建立和完善能效交易机制。研究制定推进能效交易的实施意见，研究制定能效交易的管理办法和技术规程，指导和规范建筑领域能效交易。建立覆盖主要地区的建筑能效交易平台。积极与国外机构交流合作，推进我国建筑能效交易机制的建立和完善。二是积极推进住房城乡建设领域的合同能源管理。规范住房城乡建设领域能源服务行为，利用国家资金重点支持专业化节能服务公司为用户提供节能诊断、设计、融资、改造、运行管理一条龙服务，为国家机关办公楼、大型公共建筑、公共设施和学校实施节能改造。三是推进供热体制改革，全面落实供热计量收费。建立健全供热计量工程监管机制，实行闭合管理，严格落实责任制。严把计量和温控装置质量，要由供热企业在当地财政或者供热等部门监督下按照规定统一公开采购。全面落实两部制热价制度，取消按面积收费。四是积极推动以设计为龙头的总承包制。要研究制定促进设计单位进行工程总承包的推进意见，会同有关部门研究相关激励政策，逐步建立鼓励设计单位进行工程总承包的长效机制。进行工程总承包的设计单位要严格按照设计单位进行工程总承包资格管理的有关规定实施工程总承包。五是加快培育和形成绿色建筑的测评标识体系。修订《民用建筑能效测评标识管理暂行办法》、《民用建筑能效测评机构管理暂行办法》。严格贯彻《民用建筑节能条例》规定，对新建国家机关办公建筑和大型公共建筑进行能效测评标识。指导和督促地方将能效测评作为验证建筑节能效果的基本手段以及获得示范资格、资金奖励的必要条件。加大民用建筑能效测评机构能力建设力度，完成国家及省两级能效测评机构体系建设。

（六）强化技术产业支撑

一是国家设立绿色建筑领域的重大研究专项，组织实施绿色建筑国家科技重点项目和国家科技支撑计划项目。二是加大绿色建筑领域科技平台建设，同时建立华南、华东、华北和西南地区的国家级绿色建筑重点实验室和国家工程技术研究中心，鼓励开展绿色建筑重点和难点技术的重大科技攻关。三是加快绿色建筑技术支撑服务平台建设，积极鼓励相关行业协会和中介服务机构开展绿色建筑技术研发、设计、咨询、检测、评估与展示等方面的专业服务，开发绿色建筑设计、检测软件，协助政府主管部门制定技术标准、从事技术研究和推广、实施国际合作、组织培训等技术研究和推广工作。四是建立以企业为主，产、学、研结合的创新体制，国家采取财政补贴、贷款贴息等政策支持以绿色建筑相关企业为主体，研究单位和高校积极参与的技术创新体系，推动技术进步，占领技术与产业的制高点。五是加快绿色建筑核心技术体系研究，推动规模化技术集成与示范，包括突破建筑节能核心技术，推动可再生能源建筑规模化应用；开展住区环境质量控制和关键技术，改善提升室内外环境品质；发展节水关键技术，提升绿色建筑节水与水资源综合利用品质；建立节能改造性能与施工协同技术，推动建筑可持续改造；加强适用绿色技术集成研究，推动低成本绿色建筑技术示范；加快绿色施工、预制装配技术研发，推动绿色建造发展。六是加大高强钢筋、高性能混凝土、防火与保温性能优良的建筑保温材料等绿色建材的推广力度。建设绿色建筑材料、产品、设备等产业化基地，带动绿色建材、节能环保和可再生能源等行业的发展。七是定期发布技术、产品推广、限制和禁止使用目录，促进绿色建筑技术和产品的优化和升级。八是金融机构要加大对绿色环保产业的资金支持，对于生产绿色环保产品的企业实施贷款贴息等政策。

（七）完善经济激励政策

一是支持绿色生态城区建设，资金补助基准为5000万元，具体根据绿色生态城区规划建设水平、绿色建筑建设规模、评价等级、能力建设情况等因素综合核定。对规划建设水平高、建设规模大、能力建设突出的绿色生态城区，将相应调增补助额度。支持地方因地制宜开展绿色建筑法规、标准编制和支撑技术、能力、产业体系形成及示范工程。鼓励地方因地制宜创新资金运用方式，放大资金使用效益。二是对二星级及以上的绿色建筑给予奖励。二星级绿色建筑45元/平方米（建筑面积，下同），三星级绿色建筑80元/平方米。奖励标准将根据技术进步、成本变化等情况进行调整。三是住房城乡建设主管部门制定绿色建筑定额，据此作为政府投资的绿色建筑项目的增量投资预算额度，对满足绿色建筑要求的项目给予快速立项的优惠。四是绿色建筑奖励及补助资金、可再生能源建筑应用资金向保障性住房及公益性行业倾斜，达到高星级奖励标准的优先奖励，保障性住房发展一星级绿色建筑达到一定规模的也将优先给予定额补助。五是改进和完善对绿色建筑的金融服务，金融机构可对购买绿色住宅的消费者在购房贷款利率上给予适当优惠。六是研究制定对经标识后的绿色建筑给予开发商容积率返还的优惠政策。

（八）加强能力建设

一是大力扶持绿色建筑咨询、规划、设计、施工、评价、运行维护企业发展，提供绿色建筑全过程咨询服务。二是完善绿色建筑创新奖评奖机制，奖励绿色建筑领域的新建筑、新创意、新技术的因地制宜应用，大力发展乡土绿色建筑。三是加强绿色建筑全过程包括规划、设计、建造、运营、拆除从业主体的资质准入，保证绿色建筑的质量和市场有序竞争。四是建立绿色建筑从业人员（咨询、规划、设计、施工、评价、运行管理等从业人员）定期培训机制，对绿色建筑现行政策、标准、新技术进行宣贯。五是加强高等学校绿色建筑相关学科建设，培养绿色建筑专业人才。

（九）开展宣传培训

一是利用电视、报纸、网络等渠道普及绿色建筑知识，提高群众对绿色建筑的认识，树立绿色节能意识，形成良好的社会氛围。二是加大绿色建筑的相关政策措施和实施效果的宣传力度，使绿色建筑深入人心。三是加强国际交流与合作，促进绿色建筑理念的发展与提升。

国家新型城镇化规划

（2014—2020年）（节选）

第五章　发展目标

——城镇化水平和质量稳步提升。城镇化健康有序发展，常住人口城镇化率达到60%左右，户籍人口城镇化率达到45%左右，户籍人口城镇化率与常住人口城镇化率差距缩小2个百分点左右，努力实现1亿左右农业转移人口和其他常住人口在城镇落户。

——城镇化格局更加优化。“两横三纵”为主体的城镇化战略格局基本形成，城市群集聚经济、人口能力明显增强，东部地区城市群一体化水平和国际竞争力明显提高，中西部地区城市群成为推动区域协调发展的新的重要增长极。城市规模结构更加完善，中心城市辐射带动作用更加突出，中小城市数量增加，小城镇服务功能增强。

——城市发展模式科学合理。密度较高、功能混用和公交导向的集约紧凑型开发模式成为主导，人均城市建设用地严格控制在100平方米以内，建成区人口密度逐步提高。**绿色生产、绿色消费成为城市经济生活的主流，节能节水产品、再生利用产品和绿色建筑比例大幅提高**。城市地下管网覆盖率明显提高。

——城市生活和谐宜人。稳步推进义务教育、就业服务、基本养老、基本医疗卫生、保障性住房等城镇基本公共服务覆盖全部常住人口，基础设施和公共服务设施更加完善，消费环境更加便利，生态环境明显改善，空气质量逐步好转，饮用水安全得到保障。自然景观和文化特色得到有效保护，城市发展个性化，城市管理人性化、智能化。

——城镇化体制机制不断完善。户籍管理、土地管理、社会保障、财税金融、行政管理、生态环境等制度改革取得重大进展，阻碍城镇化健康发展的体制机制障碍基本消除。

第十八章　推动新型城市建设

顺应现代城市发展新理念新趋势，推动城市绿色发展，提高智能化水平，增强历史文化魅力，全面提升城市内在品质。

第一节　加快绿色城市建设

将生态文明理念全面融入城市发展，构建绿色生产方式、生活方式和消费模式。严格控制高耗能、高排放行业发展。节约集约利用土地、水和能源等资源，促进资源循环利用，控制总量，提高效率。加快建设可再生能源体系，推动分布式太阳能、风能、生物质能、地热能多元化、规模化应用，提高新能源和可再生能源利用比例。**实施绿色建筑行动计划，完善绿色建筑标准及认证体系、扩大强制执行范围，加快既有建筑节能改造，大力发展绿色建材，强力推进建筑工业化**。合理控制机动车保有量，加快新能源汽车推广应用，改善步行、自行车出行条件，倡导绿色出行。实施大气污染防治行动计划，开展区域联防联控联治，改善城市空气质量。完善废旧商品回收体系和垃圾分类处理系统，加强城市固体废弃物循环利用和无害化处置。合理划定生态保护红线，扩大城市生态空间，增加森林、湖泊、湿地面积，将农村废弃地、其他污染土地、工矿用地转化为生态用地，在城镇化地区合理建设绿色生态廊道。

住房和城乡建设部办公厅　工业和信息化部办公厅关于成立绿色建材推广和应用协调组的通知

各省、自治区、直辖市住房城乡建设厅（委）、工业和信息化主管部门，新疆生产建设兵团建设局、工业和信息化主管部门，计划单列市住房城乡建设委、工业和信息化主管部门，有关单位：

为落实《绿色建筑行动方案》、《“十二五”绿色建筑和绿色生态城区发展规划》、《“十二五”建筑节能专项规划》和《建材工业“十二五”发展规划》，研究解决绿色建材生产和应用中面临的问题，积累绿色建材工作组织管理经验，切实做好各项工作，加快绿色建材产业发展，带动建材工业转型升级，经研究，决定成立住房和城乡建设部、工业和信息化部绿色建材推广应用协调组。现通知如下：

一、绿色建材推广应用协调组组成人员

组　长：

仇保兴　住房和城乡建设部副部长

苏　波　工业和信息化部副部长

成　员：

陈宜明　住房和城乡建设部建筑节能与科技司司长

陈燕海　工业和信息化部原材料工业司司长

武　涌　住房和城乡建设部建筑节能与科技司巡视员

潘爱华　工业和信息化部原材料工业司副司长（正司级）

杨瑾峰　住房和城乡建设部标准定额司副司长

刘晓艳　住房和城乡建设部建筑市场监管司副司长

刘贺明　住房和城乡建设部城市建设司副司长

卢英方　住房和城乡建设部村镇建设司副司长

尚春明　住房和城乡建设部工程质量安全监管司副司长

韩　俊　工业和信息化部科技司副司长

高东升　工业和信息化部节能与资源综合利用司副司长

梁俊强　住房和城乡建设部科技与产业化发展中心（住房城乡建设部住宅产业化促进中心）副主任

徐永模　中国建筑材料联合会副会长

姚　燕　中国建筑材料科学研究总院院长

马眷荣　中城科绿色建材研究院院长、中国建筑材料科学研究总院顾问

陈家珑　中城科绿色建材研究院副院长兼总工程师、中国城市环卫协会建筑垃圾管理与资源化工作委员会常务副主任

二、绿色建材推广应用协调组主要职责

（一）加强住房和城乡建设、工业和信息化部门协作，落实国家有关产业发展规划，加快在建筑行业推广应用绿色建材有关工作，推进建材工业转型升级。

（二）研究制定加快绿色建材推广应用的政策和措施，开展产品标准和工程建设标准规范的制修订工作。

（三）制定绿色建材推广应用行动计划，并组织实施。加强与国家相关部门的联系，督导地方有关管理部门（机构）工作。

（四）组织开展绿色建材推广应用试点工作和示范项目。建立绿色建材公共服务平台，发布绿色建材

推广应用目录。加强推广应用绿色建材政策宣传和技术人员培训。

（五）加强有关政府部门、协会、企业等单位在绿色建材推广应用工作中协调配合、技术交流和信息沟通。

（六）组织开展绿色建材生产与应用重点课题的研究，与国外相关部门和单位在推广应用绿色建材领域开展交流和合作。

协调组下设办公室，成员由住房城乡建设部建筑节能与科技司、工业和信息化部原材料工业司相关人员组成，负责日常工作和联络。

联络员及电话：

何任飞　住房和城乡建设部建筑节能与科技司
　　　　010—58934561

陈恺民　工业和信息化部原材料工业司
　　　　010—68205569

中华人民共和国住房和城乡建设部办公厅

中华人民共和国工业和信息化部办公厅

2013年9月24日

人物专访

RENWUZHUANFANG

绿色建材产品标志证书何其多

——访中国建材检验认证集团总经理 马振珠

马振珠：不论是民用住宅建筑还是公共建筑、商业建筑，抑或是工业建筑与公路桥梁以及铁路质量安全，溯本求源，建材产品的质量问题都是直接影响工程质量的重要因素。因此，把住建材质量检测这一关，至关重要。

近年来，随着社会发展和人民生活质量的提高，生活中最重要的吃、穿、住、行的质量安全已经成为大众最为关注的话题。尤其是住和行已经成为普通百姓最大的投资消费热点。于是，建筑质量和交通设施安全问题也就成为新闻媒体关注的焦点。有鉴于此，国家建筑材料测试中心在近期推出了绿色建筑选用产品新标志，旨在为民用住宅建筑，公共建筑、商业建筑，工业建筑与公路桥梁以及铁路质量安全，提供健康、安全、环保、质优的检测与监督保障。

通过全项检测方能获此标志

对此做法，中国建材检验认证集团（简称：CTC）总经理马振珠教授又是如何看待的呢?

“国家建筑材料测试中心最近推出的绿色建筑选用产品新标志，可不是简单地向被检测方收取一些费用就能轻易获得的，它必须经过国家建筑材料测试中心所设置的各种检测关卡与技术筛选，甚至由这个部门派专家到现场进行实地跟踪，所有检测参数必须在及格线以上，才能获得这个荣誉。”马振珠说。

他告诉记者，不论是民用住宅建筑还是公共建筑、商业建筑，抑或是工业建筑与公路桥梁以及铁路质量安全，溯本求源，建材产品的质量问题都是直接影响工程质量的重要因素。因此，把住建材质量检测这一关，至关重要。

马振珠表示，国务院总理温家宝曾经就发展绿色建筑作出过重要指示，并希望建筑业与建材业要抓住机遇，从规划、法规、技术、标准、设计等方面入手，全面推进绿色建筑行动，千万不要丧失机遇。为此，财政部与住建部以《关于加快推动我国绿色建筑发展的实施意见》为题，联合发文要求到2014年由政府投资的公益性建筑和直辖市、计划单列市、及省会城市兴建的保障性住房全面执行绿色建筑标准，并给出了具体目标：力争到2015年新增绿色建筑面积10亿平方米以上；到2020年绿色建筑占新建建筑比重超过30%。

他认为，建筑业与建材业同属一个大的产业链，并且相互依存、密不可分。而开发绿色建筑，不仅是国际建筑业追求的目标，能最大限度地做到节能、节水、节地、节材，减少污染，改善百姓的居住舒适性、健康性和安全性，还能转变我国建筑业的发展方式、方向和城乡建设模式。

绿色建材标志杂而多难辨别

经马振珠介绍，记者对绿色建筑与绿色建材这两个概念有了一个全新的认识。于是，便在百度的图片搜索中分别输入绿色建筑标志和绿色建材标志这几个字，想见识一下这两个标志和证书的庐山真面目，可是不曾料到，这两个标志与证书往少了说，林林总总不下数十个，它们图案各异，形状有圆有方，色彩大多以绿色为主色调；而且颁发这两个标志和证书的单位也是形形色色，这当中既有政府主管部门，也有多年或刚从事建筑工程监督以及建材检测和认证的机构，还有与之相关或者根本无关的行业学术团体和社会团体，甚至连房屋中介公司和建筑施工单位也加盟到这支颁发绿色建筑标志（或绿色建材）与证书的队伍中去，至于他们是否有无相应的资质或者能否得到有关部门的授权，一概不知，也很难识别。

面对眼前众多的绿色建筑和绿色建材标志与证书，记者感到困惑，于是走访了《中国建材科技》杂志社总编辑刘永民教授。采访当天，记者碰巧看到他的办公桌上放着一份某单位征集“绿色建材”产品集中公示的通知，便欣然拿起翻阅起来，没想到手中拿的这份通知对征集的各类建筑材料的要求并不严格，只要符合相应产品标准并满足建材有害物质限量的强制性国家标准即可进入征集范围。

“如果照此逻辑，所有的建材产品都是‘绿色建材’了。”记者满腹疑虑地询问刘永民。

“是啊，这家单位如此简单地推行绿色建材评价，似乎是在搞‘一刀切’。这显然是违反常理与科学的。”刘永民说。

他认为，绿色建材的评价是一项系统工程，这种简单的评价活动既不利于绿色建材的发展，也有误导市场和客户之嫌。因为无论是产品标准还是有害物质限量的强制性国家标准，都只是产品进入市场的最低门槛，是必须符合的，而且有害物质限量标准有其适用范围，并不适用于所有的建材产品。何况不同的建材产品，它所关注的重点、性能、指标也各不相同。

识别绿色建材标志专家支招

看着眼前这一个个既相似又迥异的各种绿色建材与绿色建筑标志和证书，记者有些茫然，也不知哪个标志是真的，哪个证书又是假的？刘永民见此状解释说，其实甄别绿色建筑与绿色建材这两个标志与证书的方法很简单，作为客户，首先得去国家的相关管理机关的官方网站核实有无检测和认证的资质以及有无颁发此标志与证书的资格；其次从颁发证书和标志的相关单位的网站中了解一下其器械装备和技术检测水准；然后从网络上搜寻一下它的声誉和社会影响力；最后比照一下各相关单位的收费价格水准是否相吻合。

同时，不忘从专业角度去理性分析一下获得绿色建材标志与证书的建材的5个特性：第一特性是其生产所用原料尽可能少用天然资源，大量使用尾矿、废渣、垃圾、废液等废弃物；第二特性是采用低能耗制造工艺和不污染环境的生产技术；第三个特性是在配制或生产过程中不得使用甲醛、卤化物溶剂或芳香族碳氢化合物，产品中不得含有汞及其化合物；不得用铅、镉、铬及其他化合物作为颜料及添加剂；第四个特性是产品的设计是以改善生活环境、提高生活质量为宗旨，即产品不仅不损害人体健康，而且应有益于人体健康，产品具有多功能性，如抗菌、灭菌、防霉、除臭、隔热、防火、调温、消声、消磁、防射线、抗静电等；第五个特性是产品可循环或回收再生利用，无污染环境的废弃物。

当谈及谁家的证书与标致最权威这个话题时，刘永民表示，早在“十五”期间，CTC就开始进行绿色建材评价技术研究了，而且先后承担了绿色建材技术及分析评价方法的研究、绿色建材产品标准、评价技术和认证体系研究及绿色建筑选材关键技术研究等国家科技支撑计划课题，并在此基础上完成了《绿色建筑选用产品技术指南》。因此，建材与建筑企业以后如果有这方面的检测活儿，完全可以去找CTC，因为该单位属于国家级权威检测和认证机构，在行业内享有盛名。购买绿色建材的客户也一样，CTC也是他们不二的选择。

（吕立祥）

遴选绿色建材 服务绿色建筑

——访中国建材检验认证集团副总工程师 蒋荃

绿色建筑是国建筑业的发展方向。2012年4月17日，财政部与住房和城乡建设部联合颁发的《关于加快推动我国绿色建筑发展的实施意见》（财建[2012]167号）指出："到2014年政府投资的公益性建筑和直辖市、计划单列市及省会城市的保障性住房全面执行绿色建筑标准，力争到2015年，新增绿色建筑面积10亿平方米以上，到2020年，绿色建筑占新建建筑比重超过30%。"绿色建筑迎来了行业的春天。

绿色建筑选用绿色建材是业内共识，选用绿色建材可以延长建筑材料的耐久性和建筑的寿命，降低建筑材料生产、使用过程的资源消耗和碳排放。从全生命周期的角度来看，绿色建材承载着诸如节约资源、能源和保障室内环境等重要作用，对材料的选用很大程度上决定了建筑的"绿色"程度。鉴于此，在财建[2012]167号文中明确表示："加大高强钢、高性能混凝土、防火与保温性能优良的建筑保温材料等绿色建材的推广力度。要根据绿色建筑发展需要，及时制定发布相关技术、产品推广公告、目录，促进行业技术进步。"与此同时，2012年6月8日，科学技术部印发的《"十二五"绿色建筑科技发展专项规划》（国科发计[2012]692号）也要求："研究绿色建材的标准、评价、认证体系和检测技术"；"研究开发绿色建筑用材、部品、设备的技术、经济、环境评价方法与数据库"。

然而，究竟什么是绿色建材？如何对绿色建材进行评价？目前社会上林林总总的"绿色建材"证书是否真的符合绿色建材的要求？绿色建筑如何通过选材来实现其各项功能？带着这样的困惑，记者走访了中国建材检验认证集团股份有限公司（中国建材检验认证集团总部，简称CTC），就绿色建筑选材与绿色建材评价进行了访谈。

下午两点，记者见到了CTC负责绿色建筑选用产品评价工作的副总工程师蒋荃教授，一位谦和而又睿智的学者。他对CTC从"十五"以来在绿色建筑选材与绿色建材评价领域所作的大量基础研究和目前正开展的绿色建筑选用产品评价工作进行了详尽的介绍。

绿色建材评价必须有科学的理论和数据为依据

在蒋荃教授的办公桌上，正放着一份某单位征集"绿色建材"产品集中公示的通知，通知中对各类建筑材料的要求均为符合相应产品标准并满足建材有害物质限量的强制性国家标准。"如果照此逻辑，所有的建材产品都是'绿色建材'了！因为无论是产品标准还是有害物质限量的强制性国家标准，都只是产品市场准入的最低门槛，是必须符合的。而且，有害物质限量标准有其适用范围，并不适用于所有的建材产品，不同的建材产品需关注的重点性能指标各不相同，这么简单的'一刀切'显然是不科学的。绿色建材的评价是一项系统工程，这种简单的评价活动不利于绿色建材的发展，甚至误导了市场。"蒋荃教授如是说。

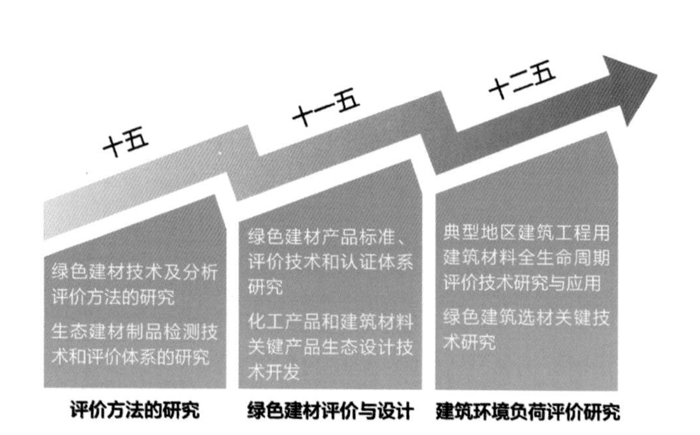

早在“十五”期间，CTC就开始进行绿色建材评价技术的研究。先后承担了“绿色建材技术及分析评价方法的研究”、“绿色建材产品标准、评价技术和认证体系研究”及“绿色建筑选材关键技术研究”等国家科技支撑计划课题。在此基础上，CTC在广泛征求行业专家的意见后，完成了国内首部《绿色建筑选用产品技术指南》。该指南是集生命周期评价、碳足迹分析、生态设计和环境认证于一体的共性选材技术，涉及8大系统，300余类、1000余种产品，行业及国家标准2500余项，相关规范100余项，明确规范产品性能指标900余项。“技术指南”是CTC开展“绿色建筑选用产品”评价工作的技术依据。

在《技术指南》里，对绿色建材的评价包括以下四项原则：

1.产品符合且高于相关标准要求

各类产品符合相应的产品标准是其基本要求。同时，对于不同的建筑材料应针对自身属性，提出关键性指标，并适度提高其指标技术要求。如耐久性、节能性能、节水性能、防火性能等。

2.产品应具有满意的环境安全性

如前所述，有害物质限量的强制性国家标准只是产品市场准入的最低门槛，以水性内墙涂料的VOC值为例，GB 18582-2008《室内装饰装修材料内墙涂料中有害物质限量》的要求为≤120g/L，而HJ/T 201-2005《环境标志产品技术要求 水性涂料》的要求提高到≤80 g/L。在《奥运工程环保指南-绿色建材》则从健康环保的角度提出了≤50 g/L的更高要求。所以，仅满足国家强标显然不符合绿色建材的理念，应在此基础上和具有可操作性的前提下提出更高标准要求。

3.产品宜具有合理的功能性

建筑产品在保证其基本使用性能的前提下，宜赋予其改善室内声、光、热和空气质量的功能性，以改善人居环境，这是建筑材料的重要发展方向之一。

4.选择全生命周期环境负荷低的产品

据统计，我国建材的含能（碳排放）占了建筑全生命周期的20%～25%，不容忽视。某些“零能耗建筑”，通过高耗能的技术投入，实现建筑运行阶段的所谓“零能耗”，其实质是将巨大的能源消耗和环境污染转移到前期的建筑材料生产及施工等阶段。从这个角度出发，绿色建筑选用的建筑材料应在资源开采、原材料制造、产品生产、运输、使用、维护以至废弃最终处置的全寿命周期中减少对自然资源和能源的消耗，降低对环境的不利影响。具体措施包括选用生产过程中含能（碳排放）低的建筑材料、选用利废型建材产品等。

绿色建材评价的目的是支撑绿色建筑各项功能目标实现

建筑业与建材业同属一个大的产业链，相互依存，关系密切。但长期以来，由于缺乏有效沟通，导致绿色建筑评价与绿色建材的评价各自为阵，严重脱节。如果绿色建材评价不以支撑绿色建筑各项功能目标实现为目的，不与绿色建筑评价标准进行关联，那么这些工作就成了无源之水，无本之木。

“从国外的经验来看，绿色建筑评价和绿色建材的评价紧密相关。如英国的BREEAM体系，就规定了选用建筑材料时应从通过BREEAM认证的材料库中进行选择，所选材料的评级直接影响到绿色建筑的评级。换句话说，高等级的绿色建筑须选用高等级的绿色建材，二者的评价形成了一个有机的整体。其他如新加坡的green mark也采取了类似的做法。”蒋荃教授又继续介绍说：“国内目前还没有形成以上机制，但这肯定是一个方向。在《关于加快推动我国绿色建筑发展的实施意见》和《“十二五”绿色建筑科技发展专项规划》中都提到了要建立绿色建筑产品的产品推广公告、目录以及数据库，并研究其评价认证技术，这体现了政策导向。”

在多年绿色建材评价技术研究的基础上，中国建筑材料科学研究总院委派CTC参与了GB/T 50378《绿色建筑评价标准》的修订工作。在此过程中，CTC不断深化和贯彻绿色建筑选用绿色建材的理念，紧跟标准修订动态，将“技术指南”与绿建标准条文的具体要求有机融合，按照节能、节水、节材和室内外环境逐级展开，确保符合“技术指南”要求的产品能够符合绿色建筑评价的要求。

CTC绿色建筑选用产品评价工作

为贯彻《关于加快推动我国绿色建筑发展的实施意见》和《“十二五”绿色建筑科技发展专项规划》中关于建立绿色建材目录和数据库的指导精神，CTC在国内首部《绿色建筑选用产品技术指南》的指引下，基于先进的检验认证能力，正在对国内外绿色建材及优秀供应商进行识别，编制《绿色建筑选用产品导向目录》。“导向目录”将引领国内绿色建筑的建设模式，通过多种渠道向绿色建筑开发商和建筑师介绍建筑材料新产品、新功能、新应用，共同探讨解决绿色建筑中的实际问题，将最优秀的企业和产品提供给绿色建筑开发商和建筑师，凸显产品高端优势。

CTC将根据绿色建筑对绿色建材的技术要求，结合建筑师的选材行为模式，开发绿色建筑选材软件，并与入选《导向目录》的产品数据库直接对接。该软件将提供给全国的绿色建筑开发商和建筑师免费使用。

为配合绿色建筑产品评价工作，对于符合“技术指南”的企业产品，可申请“绿色建筑选用产品”证明商标。“绿色建筑选用产品”是CTC下辖国家建筑材料测试中心经国家工商总局商标局注册的证明商标，是用于证明建材产品为绿色建筑建设选用特定品质的标志，受法律保护。

“可以这么理解，‘导向目录’搭建了绿色建材与绿色建筑的桥梁；证明商标则成为了建筑产品的‘绿色身份证’。”蒋荃教授笑着说。

“为了做好‘导向目录’和证明商标的入选工作，我们制定了相应的管理办法和程序文件，对产品进行严格把关，通过评审办公室进行形式和技术的初步审查后，还须召开专家审查会进行评审，通过后再报管理委员会批准。为了做好这项工作，我们组建了阵容强大的专家委员会，涵盖了国内绿色建筑与绿色建材各领域的顶级专家。这些都充分体现了CTC对这项工作的重视程度，也体现了CTC作为我国建材领域最大、最权威的第三方检验认证机构一贯公正、严谨的作风。”

最后，蒋荃教授向记者介绍了CTC关于绿色建筑选材的一个典型案例。

服务中新天津生态城——服务国家重点工程的典型案例

天津生态城是中新两国政府应对气候变化、节约资源能源、加强环境保护、建设生态文明的旗舰项目，是世界上第一个国家间合作开发的生态城市。其中100%绿色建筑是生态城特色指标。作为国家级绿色建筑示范基地，天津生态城为绿色建材提供了高端展示和示范平台。《天津生态城绿色建筑管理暂行规定》 第九条明确提出：生态城管委会组织制定《生态城建筑工程材料使用导向目录》，建设单位、设计单位、施工单位应参照其进行建筑工程材料的选用。

鉴于CTC在绿色建材评价领域的领先优势，生态城建设主管部门辗转找到了蒋荃教授，双方的思路一拍即合。受生态城管委会委托，CTC成立天津公司，为生态城绿色建筑选材提供技术保障及服务，制定《生态城建筑工程材料使用导向目录》。目前该项工作正在进行中。

生态城的理念是“可实行、可复制、可推广”。CTC天津公司以生态城为发展起点，通过技术的有形输出，已逐步成为绿色建筑领域一支重要的科技力量。

“目前，我们正在与中新广州知识城、成都天府新区等大型重点工程接洽，为其绿色建筑建设提供选材服务与技术支持。”蒋荃教授说。2010年9月

28日，住建部副部长仇保兴、天津市副市长熊建平为CTC天津公司成立揭牌。中国建材集团总经理、中国建材总院院长姚燕和CTC总经理马振珠参加揭牌仪式。

走出CTC的大门，记者感觉轻松了许多。在资源日益短缺、环境日益恶化的今天，绿色建筑无疑是建筑业可持续发展的方向。希望CTC所开展的绿色建筑选用产品评价工作能够为绿色建筑的建设提供更多的绿色建材。

商标制度

SHANGBIAOZHIDU

国家建筑材料测试中心

“绿色建筑选用产品”证明商标使用管理办法

第一章 总 则

第一条　为引导生态城市与绿色建筑规范使用绿色建材，提倡节能、节水、节材和环保观念，引领建材行业的健康发展，制定本办法。

第二条　绿色建筑选用产品证明商标（简称证明商标）是中国建材检验认证集团股份有限公司下辖国家建筑材料测试中心经中华人民共和国国家工商行政管理总局商标局注册的证明商标，是用于证明建材产品的性能符合绿色建筑功能需求及绿色建材要求的特定标志，受法律保护。证明商标颜色为绿色，外圈为两个环，内部为象征绿色、生态和环保的图案。商标图案如下：

第三条　国家建筑材料测试中心是证明商标的注册人，享有证明商标的专用权和管理权。

第四条　国家建筑材料测试中心以自愿为原则，接受建材企业的申请。经审查符合条件后，与申请人签订证明商标使用许可合同，颁发证明商标准用证。未经国家建筑材料测试中心许可，任何单位和个人不得使用“绿色建筑选用产品”证明商标。

第二章 证明商标的准用申请程序

第五条　建材产品的生产经营企业，其企业和产品符合以下要求的，可申请使用“绿色建筑选用产品”证明商标：

1．依法进行工商登记，具有独立承担民事责任的能力；

2．有两年以上相关建材产品的生产及经营历史，产品质量符合相关国家/行业/企业/地方标准和法律法规的规定；

3．三年内没有重大影响经济环境的恶性事件和质量事故；

4．在社会中有较为突出的行业影响力，有较好的业内口碑，并致力于为低碳、环保做出贡献；

5．通过质量管理体系认证和环境管理体系认证；

6．产品性能满足《绿色建筑选用产品技术指南》（附件一）的要求。

第六条　申请使用证明商标的单位应向填写证明商标申报书(附件二)并按申报书所列清单准备相关证明材料电子版提交国家建筑材料测试中心，申请单位应对文件的真实性负责。

第七条　国家建筑材料测试中心在收到申请单位提交的电子版资料后，应在10个工作日内对申请材料进行初审，并以电话或电子邮件形式告知申请单位初审结果。

第八条　初审通过后，申请单位应将纸质版申请材料装订成册，并在相应位置加盖公章后提交国家建筑材料测试中心。国家建筑材料测试中心在10个工作日内完成复审，并以电话或电子邮件形式告知申请单位复审结果。

第九条　复审通过的申请企业，应办理如下事项：

1．与国家建筑材料测试中心签订证明商标使用许可合同；

2．一次性交纳为期两年的商标使用管理费，收费标准为每个产品单元贰万元整；

3. 领取《证明商标准用证》。

第十条 获得证明商标使用授权的企业，在有效期内，可以向国家建筑材料测试中心申领证明商标设计源文件。

第十一条 证明商标使用许可合同有效期为两年，到期继续使用须在有效期满前三个月重新提出申请，逾期不申请者，合同有效期届满后禁止使用该商标。

第三章 证明商标的准用申请程序

第十二条 证明商标使用人的权利：

1. 有权在其产品上或包装上使用证明商标；

2. 有权使用证明商标进行产品广告宣传。

第十三条 证明商标的施加方式可以由获准使用企业根据产品特点，加施在被授权的产品本体或产品外包装上。加施方式应包括证明商标的图案、文字和准用证书编号，并报国家建筑材料测试中心备案。

第十四条 证明商标使用人应履行以下义务：

1. 确保授权使用证明商标的产品品质符合本办法的规定；

2. 建立证明商标的使用和管理制度，并有专人负责对证明商标的使用情况如实记录和存档；

3. 接受国家建筑材料测试中心对产品品质的不定期的监督检验和商标使用情况的监督检查，否则视为放弃商标使用权；

4. 授权使用证明商标的产品发生重大质量及环境事故，需立即报告国家建筑材料测试中心，并迅速采取有效措施；

5. 不得在授权使用产品以外的其它产品上使用证明商标；

6. 在广告、产品介绍等宣传材料中正确使用证明商标，不得利用证明商标误导、欺诈消费者；

7. 不得向他人转让、出售、馈赠证明商标使用权；

8. 有效期满，不得继续使用该商标。

第十五条 证明商标的使用人对生产及所售带有证明商标的产品的质量负全部责任。

第四章 证明商标的管理、监督和保护

第十六条 国家建筑材料测试中心是证明商标的管理机构，负责本办法的制定和实施，并对证明商标的使用进行监督，并协助工商行政管理部门调查处理侵权、假冒案件。

第十七条 国家建筑材料测试中心负责组织行业知名专家成立专家委员会，专家委员会负责制订《绿色建筑选用产品技术指南》，并及时修订。

第十八条 证明商标的日常工作由绿色建筑选用产品评定办公室（简称评定办公室）负责，评定办公室设在中国建材检验认证集团股份有限公司天津分公司。

第十九条 评定办公室负责在证明商标指定网站（绿色建筑选材网，www.greenbm.com.cn）上发布授权企业产品信息，保证证明商标的可追溯性。

第二十条 国家建筑材料测试中心对已获证明商标使用授权的产品，保留在有效期内不定期的飞行检查的权利。飞行检查的方式为现场核查并抽样检测，且每年的飞行检查率应不低于30%。抽检飞行检查单位及抽检项目由专家委员会研究确定，相关费用由国家建筑材料测试中心承担。若无正当理由，申请单位不得拒绝，否则视为放弃证明商标的使用权。

第二十一条 当发生国家建筑材料测试中心飞行检查、国家或省市质量监督抽查或者工商流通领域抽查不合格，将被取消证明商标使用权。使用人须经半年以上的整改期后，方可重新申请使用该证明商标。

第二十二条 证明商标受有关法律保护。伪造、编造、盗用、冒用、买卖、转让证明商标的单位或个人，按照国家有关法律法规的规定，提请工商行政管理部门依法查处或向人民法院起诉；对情节严重构成犯罪的，报请司法机关依法追究侵权者的刑事责任。

第二十三条 证明商标的使用者如违反本办法，国家建筑材料测试中心将收回其证明商标准用证，终止与使用者的证明商标使用许可合同；必要时将请求工商行政管理部门调查处理，或寻求司法途径解决。

第五章 附 则

第二十四条 本办法由国家建筑材料测试中心负责解释。

第二十五条 本办法自2014年7月1日起正式实施。

入选产品技术资料

RUXUANCHANPINJISHUZILIAO

4.1 节能

4.1.1 保温材料

4.1.1.1 岩棉

YAN MIAN ZHI PIN

盛鼎源牌系列岩棉制品是我公司引进国际先进、国内一流的技术装备，采用富氧燃烧、立体成纤、纤维3D排列、重型高精度固化和自动高精度切割等国际先进技术，以玄武岩为主要原材料精工制造的一种高级无机防火保温材料，防火等级为A1级。

盛鼎源牌外墙外保温岩棉板（SDB系列），是专为建筑物的外墙外保温系统而设计生产的，具有垂直抗拉强度高、尺寸稳定性好、憎水率高和吸水率低等显著特性。

河北盛鼎保温材料有限公司

地址：河北省阜城县经济开发区西区

电话：0318-4939888

传真：0318-4939777

适用范围

主要应用于外墙外保温系统和非透明幕墙保温系统，适用于各种砌体或混凝土等密实结构的基层墙体，既可用于新建扩建墙体的外保温，也可以用于既有建筑的外墙节能保温改造。

技术指标

检测项目	技术指标			单位	执行标准
抗压强度（10%变形）	≥40	≥50	≥60	kPa	GB/T 25975
抗拉拔强度（垂直表面）	≥7.5	≥10	≥15	kPa	GB/T 25975
防火性能	A1级	A1级	A1级		GB 8624
酸度系数	≥1.8	≥1.8	≥1.8		GB/T 25975
尺寸稳定性	≤1.0	≤1.0	≤1.0	%	GB/T 25975
熔化温度	≥1000	≥1000	≥1000	℃	
厚度偏差	±3	±3	±3	mm	GB/T 25975
直角度	≤5	≤5	≤5	mm/m	GB/T 25975
平整度	≤5	≤5	≤5	mm	GB/T 25975

续表

检测项目	技术指标			单位	执行标准
质量吸湿率	≤1.0	≤1.0	≤1.0	%wt	GB/T 25975
短期吸水量（部分浸水24h）	≤0.5	≤0.5	≤0.5	kg/m^2	GB/T 25975
长期吸水量（部分浸水28d）	≤2.0	≤2.0	≤2.0	kg/m^2	GB/T 25975
降噪系数（NRC）	≥0.6	≥0.6	≥0.6	—	GB/T 18696.1

施工安装

1.岩棉板的粘贴面应采用岩棉专用粘贴剂做表面处理以达到最佳粘贴效果。
2.岩面板与基层墙体的连接应采用粘、钉结合工艺，其与墙体粘贴面积不应少于岩棉板面积的50%。
3.锚固件数量建议不少于每平方米6个，边角位置应适当多增加锚固件数量。
4.岩棉板防护层（抹面层）中应内置玻纤网布：用于建筑首层墙面时，应使用额外加强型网布。
5.应以饰面沙浆或者涂料作为饰面层，不建议粘贴饰面砖或石材。
6.在安装岩面板时，应尽量采用压缝的方式布局粘贴固定，避免中间留有缝隙，并尽量减少使用小块保温板。
7.需要剪切时应使用锋利的刀具或者手板锯进行操作。
8.如岩面板在安装过程中受潮或进水，必须让起自然风干，才能安装防护层和饰面层。

工程案例

盛鼎公司职工公寓外墙保温工程等。

生产企业

河北盛鼎保温材料有限公司，是一家专注于新型节能绝热材料的生产和研发企业。公司总占地面积1000亩，总投资33.5亿元。拥有十条由欧洲引进的先进岩棉生产线和4条岩棉复合板生产线，年产各类岩棉制品30万吨，高档夹芯复合板400万平方米，年产值可达50亿元，年纳税5亿元。是目前亚洲内规模较大的优质岩棉制品生产基地。

公司致力于建设“国际先进、国内一流”的高品质岩棉制品研发和生产基地，具体实施三步走战略，实现“135”战略目标。即：第一步，实现当年投资当年见效；第二步，三年内实现设计达产目标；第三步，五年内实现公司整体上市。同时，公司将以规模化的生产、高品位的产品、卓越的服务，占领和引导市场，并利用科研院所的合作优势，积极推动国内岩棉产业的标准化和规范化，努力推进国内新型节能绝热材料的研发和应用，做我国无机纤维节能绝热材料的领军企业。

公司地处环京津、环渤海经济圈，北距首都240公里，天津港230公里；西邻京九铁路、大广高速东邻京沪铁路、京沪高铁和104国道；境内距邯黄铁路仅1公里，交通极为便利，为公司的发展提供了得天独厚的优势。公司秉承“质量第一、信誉至上”的宗旨和“人无我有、人有我优、人优我强、人强我精”的核心理念，以敢于挑战、勇于创新的精神与国内外广大客商携手合作，共同发展、共享成功。

岩棉复合板 屋面板及防火隔离带

YANMIANFUHEBANWUMIANBANJIFANGHUOGELIDAI

ZX岩棉复合板采用外墙专用高强度憎水岩棉板或岩棉带为芯材，通过专业生产线机器将岩棉板或岩棉带与抗裂砂浆及加强耐碱网格布加压复合而成，经过一定周期的养护，使其各项性能指标达到外墙外保温系统施工要求，解决了憎水岩棉板直接与砂浆在普通条件下的粘结力差及抗裂性能差等缺点。

北京卓效节能装饰建材科技有限公司

地址：北京市西城区黄寺大街23号北广大厦901室

电话：010-62357681

传真：010-62357681

适用范围

广泛应用于建筑物的内外墙保温设计中，在建筑保温领域，可用于建筑物内墙保温、外墙保温、幕墙保温、屋面保温、隔墙保温及配合其他有机保温材料使用的防火隔离带等各种结构形式的节能保温构造中，只要是建筑物保温范围内都可使用。

产品规格

1.ZX岩棉复合板（摆锤岩棉复合板）规格：1200×600×*d*（mm）
2.ZX岩棉复合板（竖丝岩棉复合板）规格：1200×600×*d*（mm）
3.ZX屋面板规格：1200×600×*d*（mm）
4.ZX防火隔离带规格：600×150×*d*（mm）

技术指标

检测项目	ZX岩棉复合板（摆锤岩棉复合板）技术指标	ZX岩棉复合板（竖丝岩棉复合板）技术指标	ZX屋面板技术指标	ZX防火隔离带
导热系数	0.035～0.037 W/(m·K)	0.039～0.041 W/(m·K)	0.035～0.041 W/(m·K)	0.035～0.041 W/(m·K)
密度(岩棉板)	120～150 kg/m^2	100～150 kg/m^2	120～180 kg/m^2	

续表

检测项目	ZX岩棉复合板（摆锤岩棉复合板）技术指标	ZX岩棉复合板（竖丝岩棉复合板）技术指标	ZX屋面板技术指标	ZX防火隔离带
抗拉强度	≥15kPa	≥80kPa	15～190kPa	≥80kPa
压缩强度	≥40kPa	≥60kPa	40～200kPa	
耐候性	未出现饰面层起泡或剥落、保护层空鼓或脱落等破坏	未出现饰面层起泡或剥落、保护层空鼓或脱落等破坏	—	—
抗冲击性	10J	10J		—
吸水量	0.22 kg/m^2	0.22 kg/m^2	0.22 kg/m^2	—
耐冻融	30次冻融循环后，面层无空鼓、脱落、无任何裂缝	30次冻融循环后，面层无空鼓、脱落、无任何裂缝	30次冻融循环后，面层无空鼓、脱落、无任何裂缝	
水蒸气湿流密度	1.38 $g/(m^2 \cdot h)$	1.38 $g/(m^2 \cdot h)$	1.38 $g/(m^2 \cdot h)$	—
燃烧性能	A1级	A1级	A1级	—
执行标准	Q/TXZXJ005《ZX外墙防火保温板（岩棉夹芯）》		—	—

工程案例

墙面工程案例：北京大学口腔医院、航天城小学、北京密云寄庄小学、航天城幼儿园、北京师范大学实验小学、北京科技大学。

屋面工程案例：首都师大附中、国家行政学院、海淀翠微小区、北京工商大学、唐家岭小学、唐山喜来登国际酒店。

生产企业

北京卓效节能装饰建材科技有限公司位于北京市通州区永乐店工业开发区，占地面积约2万平方米，是一家专业从事岩棉复合板外墙节能防火保温系列产品研发、生产、销售、施工为一体的高新技术企业。公司拥有自主研发的外墙节能防火保温板专业生产线，实现了预制部件产业化、规模化生产，年生产能力可达100万平方米。

公司拥有现代化的专业实验室，采用先进的检测设备对产品进行全过程的质量监控。公司拥有一批学历高、专业化强、行业经验丰富的研发、生产、销售和施工团队，公司90%以上的员工达到了大专以上文化水平，为公司的长期发展奠定了坚实的人才基础。

公司秉承“致力防火节能保温，情系室间安危冷暖”的企业宗旨和“卓然天下，效力社会”的经营理念，奉行“诚信、创新、拼搏、奉献”的企业精神，把卓效建材打造成具有核心竞争力的中国建筑防火节能保温材料著名品牌。

工程概况
工程应用：外墙防火高温系统
产品名称：ZX岩棉复合板
产品规格：1200×600×60mm
工程面积：3500m^2
工程概况
产品容量：130kg/m^2
导热系数：0.036$W/(m \cdot K)$
烧热性能：不燃A级

建筑保温用岩棉

JIAN ZHU BAO WEN YONG YAN MIAN

金隅星岩棉产品是以玄武岩等天然岩石为原料，配比称重，经工业电炉1520℃高温熔化，由四辊离心机高速成纤，均匀喷淋粘合剂，以平摆布棉法铺棉，采用三维立体打褶技术，固化成型，加工成不同规格、用途的岩棉板（毡），产品具有防火、保温、憎水、吸声、耐久及环保等卓越性能。

建筑中每使用一吨矿物棉绝热制品，一年可节约一吨石油。

北京金隅节能保温科技有限公司

地址：北京市海淀区建材城西路12号

电话：010-82919661

传真：010-82931074

北京五中

适用范围

岩棉产品应用于建筑行业、石化行业和工业断热；适用于公共建筑、工业建筑、住宅建筑、防火隔离带、超高层建筑、多风地区的公建项目和其他有较高放火要求的建筑用外墙外保温薄抹灰系统；建筑柔性屋面、双层金属屋面、混凝土基层屋面系统；幕墙岩棉防火保温系统。

产品规格

1. 外墙外保温用岩棉板：1200×600×60，140kg/m^3
2. 外墙外保温用岩棉带：1200×600×80，100kg/m^3
3. 屋面保温用岩棉板：1200×600×50，180kg/m^3
4. 建筑幕墙用岩棉板：1200×600×60，120kg/m^3

技术指标

按国标 GB/T 2597《建筑外墙外保温用岩棉制品》执行，具体如下：

检验项目	外墙外保温用岩棉板	外墙外保温用岩棉带	屋面保温用岩棉板	建筑幕墙用保温板
	1200×600×60	1200×600×80	1200×600×50	1200×600×60
	140kg/m²	100kg/m²	180kg/m²	120kg/m²
酸度系数	2.1	2.1	2.1	2.1
垂直于表面的抗拉强度,kPa	> 10	> 80	—	—
压缩强度（形变10%）,kPa	> 40	> 40	> 40	> 40
导热系数（平均温度25℃）,W/(m·K)	0.036	<0.048	0.036	0.038
憎水率,%	99.6	99.6	99.6	99.6
燃烧性能(GB8624)	A1级	A1级	A1级	A1级
短期吸水量（部分浸入）kg/m²	0.05	0.05	0.05	0.05
质量吸湿率（50℃,RH95%,96h）,%	0.7	0.7	0.7	0.7
渣球含量（粒径大于0.25mm）,%	—	—	—	2.5
尺寸稳定性(70℃,48h) 长度,%	0.5	0.5	0.5	0.5
尺寸稳定性(70℃,48h) 宽度,%	0.4	0.4	0.4	0.4
尺寸稳定性(70℃,48h) 厚度,%	0.3	0.3	0.3	0.3

工程案例

大连凯宾尊爵饭店工程、华侨历史博物馆、天津宝坻阿迪达斯工厂、北京宜家工程。

大连凯宾尊爵饭店工程

天津宝坻阿迪达斯工厂

金隅花石匠

生产企业

北京金隅节能保温科技有限公司（原名：北京星牌建材有限责任公司），简称“金隅节能保温公司”成立于1985年。公司致力于节能、环保、绿色产品的研发、生产及应用推广，经过数十年的发展，积累了丰富的生产经验，是高端、绿色建材的领跑者，在业界具有良好的声誉。主要产品有岩棉保温系列产品，矿棉吸声系列产品。

岩棉制品采用国际领先的工艺技术，采用电熔炉的岩棉生产线，年生产能力为3.5万吨高品质岩棉。产品具有优异的防火和保温性能，适用于各类建筑的防火保温，工业设施、车辆船舶的隔热保温、吸声隔声。

本公司是国内较大的矿棉生产企业，年生产能力为2万吨高品质矿棉。矿棉制品引进日本先进工艺技术，属于无机纤维，可应用于各类建筑的保温隔热、吸声降噪；是钢结构抗阻尼、工业隔热的理想材料，同时也可作为防火纤维及骨料加入各种工业制品中。

岩棉制品 YAN MIAN ZHI PIN

岩棉制品是以优质的玄武岩为主原料，加入适量的酚醛树脂，经高温融化固化加工而成，具有不燃、导热系数底、隔声、化学稳定性好等特点。该产品广泛运用于建筑、冶金、电力、化工等领域，是一种经济保温效果理想的材料。防水岩棉制品增水率达98%。

河北华能耐火保温材料股份有限公司

地址：河北省河间市米各庄工业园

电话：0317-3199813

传真：0317-3196888

适用范围

产品广泛运用于建筑、冶金、电力、化工等领域。

产品规格

1000mm×600mm×(20～100)mm

技术指标

项目	单位	指标	实验方法
密度	kg/m	60～200	GB 5480.3
密度允许偏差	%	±5	GB 5480.3
纤维平均值	μm	≤5	GB 5480.4
渣球含量(颗粒直径>0.25mm)	%	≤15	GB 5480.5
体积吸水率	%	≤2	GB 16401
吸温率	%	≤1.0	GB 5480.7
憎水率	%	≥98	GB 10299
热荷重收缩温度	℃	≥650	GB 11835
有机物含量	%	≤4%	GB 11835

施工安装

1.基层墙面处理：对于墙面上的污物、松软空鼓的抹灰层及油渍等，均应彻底铲除干净，对破损的抹灰层必须修补整平。长有苔藓的旧墙面，要用杀虫剂彻底清洗。新建建筑外墙抹灰应符合规范要求。

2.涂刷界面砂浆：用滚刷或扫帚将界面砂浆均匀涂刷或机械喷涂。不得漏刷，拉毛不宜太厚。

工程案例

沧州百合世嘉家属小区外墙保温工程、沧州市嘉禾一方小区外墙保温工程、国电九江电厂扩建工程、国电龙华延吉热电厂工程、国电江南热电厂工程。

岩棉业绩图 1

岩棉业绩图 2

生产企业

河北华能耐火保温材料股份有限公司是华北地区保温材料行业首家上市企业，是集生产、技术、科研开发、销售、施工于一体的大型骨干企业，是全国电力行业保温耐火材料归口管理企业，是河北省科技型企业和省级民营经济科技明星企业。

公司创建于2000年，地处河北省河间市米各庄镇经济开发区，交通极为便利。公司注册资金5200万元，总占地面积96000平方米，其中厂房占地面积72000平方米，绿化面积16000平方米。公司设备先进、技术力量雄厚，共有职工350人，有高级工程师10人，工程师15人，大中专以上的专业技术人员25人。公司生产的各种耐火保温材料产品，涵盖了电力、石化、冶金、航空、陶瓷、钢铁、船舶等各大行业，品种规格齐全，质量稳定可靠。2003年，公司生产的绝热用硅酸铝棉制品荣获“河北省优质产品”；自2003年至2012年连续被评为河北省“重合同守信用企业”和“重质量守信用示范单位”，并荣获“河北省名牌产品”和“质量效益型先进企业”称号。2009年我厂生产的硅酸铝制品荣获“河北省中小企业质量信得过产品”称号。

我公司产品畅销全国各大中城市，并远销俄罗斯、德国、美国、韩国、印尼、日本、伊拉克等十多个国家和地区，享誉海内外。

建筑用岩棉绝热制品

JIAN ZHU YONG YAN MIAN JUE RE ZHI PIN

鲁阳岩棉产品均采用优质玄武岩、白云石等为主要原材料，经1450℃以上高温溶化后采用国际先进的四轴离心机高速离心成纤维，同时喷入一定量粘结剂、防尘油、憎水剂后经集棉机收集，通过摆锤法工艺，加上三维法铺棉后进行固化、切割，形成不同规格和用途的岩棉产品。

岩棉产品具有体积密度小、燃烧性能等级达到A级、良好的透湿性能、导热系数低等性能，综合技术性能与其他材料相比，具有优异的性价比。

当前岩棉产品已在建筑外墙外保温、幕墙、工业及民用建筑屋面保温、彩钢夹芯、船用舱壁、防火隔离带、管道和设备保温等领域得到广泛应用。

山东鲁阳股份有限公司

地址：山东省沂源县城沂河路11号

电话：0533-3287278

传真：0533-3282059

适用范围

岩棉类制品可用于建筑、工业、船舶等领域。在建筑领域中，主要应用于：

1.屋面和地板。

2.幕墙。

3.彩钢板夹芯。

4.钢结构及内保温。

5.外墙外保温。

6.防火隔离带。

产品规格

1.产品常用规格（mm）：1200×600×厚度。

2.可加工规格（mm）：长度根据需要加工；宽度根据要求加工；厚度30～200。

技术指标

按GB/T 19686《建筑用岩棉、矿渣棉及其制品》及GB/T 25975 《建筑外墙外保温用岩棉制品》执行，具体如下：

项目	要求	项目	要求
纤维直径，μm	≤6.0	燃烧性能	A(A1)
渣球含量（粒径≥0.25mm），%	≤7.0	压缩强度，kPa	根据要求确定
酸度系数	1.6	垂直于表面的拉伸强度，kPa	根据要求确定
质量吸湿率，%	≤0.5	短期吸水量，kg/m^2	≤0.5
导热系数，W/（m·K）	≤0.040	憎水率，%	≥98

施工安装

1.粘贴岩棉板前，应首先检查岩棉是否干燥，表面是否平整、清洁；潮湿、表面不平整、有污染的岩棉制品不得用于工程。

2.根据建筑立面设计和外保温技术要求，应在建筑外墙阴阳角及其他必要处挂垂直基准线，每个楼层适当位置挂水平线，以控制岩棉板的垂直度和平整度。

3.岩棉板应自下而上，沿水平方向铺设粘贴，竖缝应逐行错缝1/2板长，在墙角处应交错互锁，并应保证墙角垂直度。

4.岩棉板粘贴宜采用条粘法，其涂胶面积根据应用系统不同，应在50%～80%。岩棉板上抹完胶粘剂后，应先将保温板下端与基层墙体墙面粘结，然后自下而上均匀挤压、滑动就位。粘贴时应轻揉，并随时用2m靠尺和托线板检查平整度和垂直度。注意清除板边溢出的胶粘剂，板的侧边不得有胶。相邻岩棉板应紧密对接，不留板缝，且板间高差应不大于1.5mm。

局部不规则处粘贴岩棉板可现场裁切，但必须注意切口与板面垂直。墙面边角处的岩棉板最小尺寸不应小于300mm。门窗口内壁面贴岩棉板，其厚度视门窗框与洞口间隙大小而定，一般不小于20mm。

5.抹面胶浆应在岩棉板粘贴完毕24小时后涂抹。

6.作为防火隔离带施工时，应与保温系统一并进行，不得提前预留。

工程案例

沈阳华晨宝马新工厂、北京奔驰新工厂、北京航天城、恒大地产山西名都、绿洲、华府、青岛远洋大厦、山东省武警总队培训基地、济宁市红星美凯龙、青岛国际创新园、天津渤海天易园、天津市滨海新区祥和新园。

生产企业

山东鲁阳股份有限公司始建于1984年，是国内陶瓷纤维行业一家上市公司，股票代码002088。公司现有职工2300余人，其中享受国务院津贴的教授级高工2人，高级工程师15人，高等学历人才占企业职工总数的30%以上。公司目前注册资本3.4亿元，总资产12亿元，拥有专业的施工队伍，一流的产品研发中心、设计中心、检测中心及应用中心。

公司产品品种齐全，生产规模大，拥有先进的生产设备，年生产能力各类陶瓷纤维产品达15万吨，是“中国硅酸铝陶瓷纤维生产基地”“亚洲陶瓷纤维制造商与供应商”；公司先后被认定为“国家重点高新技术企业”“国家新材料产业化基地骨干企业”；“鲁阳”品牌先后被评为“中国名牌”“国家免检产品”，负责或参与制定国家行业标准二十余项。

2011年始，公司注册“巴萨特”岩棉品牌，引进意大利高档岩棉生产装备，致力于建筑领域岩棉产品的生产。鲁阳公司目前岩棉生产规模10万吨/年，已在全国16个省市完成了岩棉产品的备案工作。

守正恒安岩棉制品以优质玄武岩为主要原料，经冲天炉高温熔化，通过高速离心机离心甩丝成纤，以先进的三维摆锤法生产技术，添加少量粘结剂，经热固化定形而制成。岩棉板与岩棉带均属于岩棉制品形态的一种，不同之处在于岩棉纤维方向发生了变化。岩棉带较岩棉板具有更强的抗拉和抗压强度。

岩棉制品为A1级不燃防火材料，抗压强度较高，同时具有优良的保温隔热性、吸声降噪性、透气性、耐候性和环保性，可切可锯，安装固定件少，施工快捷，是当前优秀的建筑保温材料，广泛应用于居民建筑、商业楼宇、公共设施、工厂厂房等各式建筑的外墙外保温体系，其优异的防火特性、卓越的保温效果及经济的使用成本是各大建筑单位的理想之选。

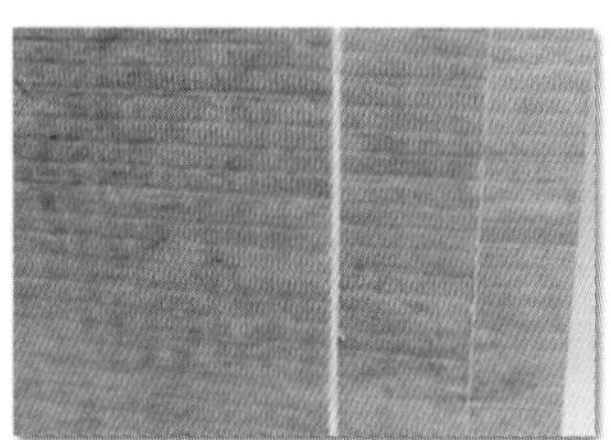

北京守正恒安新型建材科技有限公司

地址：北京市朝阳区管庄东里1号中国建筑材料研究总院五色石楼2楼

电话：010-65719391

传真：010-65711532

适用范围

1.做防盗门的夹芯防火保温材料。
2.生产金属面岩棉夹芯板，用于工业建筑厂房和轻钢结构民用建筑。
3.生产装饰吸声天花板。
4.采用粒状棉做外墙外保温喷涂。
5.以岩棉为芯材，生产保温装饰一体化板，用于外墙外保温系统。
6.用于EPS、XPS等外墙外保温系统的防火隔离带。
7.生产钢丝网架夹芯保温复合板。
8.用于岩棉板外墙外保温系统。

产品规格

项目	长度（mm）	宽度（mm）	厚度（mm）	密度（kg/m^2）	直角度（mm/m）	平整度（mm）
岩棉板	1200	600	40～150	≥140	≤5	≤5
岩棉带	—	—	30～150	≥100	≤5	≤5

性能指标

按GB/T 25975-2010《建筑外墙外保温用岩棉制品》执行，具体如下：

项目	指标	
	岩棉板	岩棉带
导热系数，W/(m·K)	≤0.038	≤0.038
憎水率，%	≥98	≥98
抗压强度，kPa	≥60	≥64
垂直于表面的抗拉强度，kPa	≥18	≥80
尺寸稳定性，%	≤1.0	≤1.0
熔化温度，℃	≥1000	≥1000
质量吸湿率，%	≤1.0	≤0.8
短期吸水率，kg/m^2	≤0.5	≤0.5
短期吸水率，kg/m^2	≤2.0	≤2.0
防火性能，级	A1	A1

生产企业

北京守正恒安新型建材科技有限公司是专业从事优质岩棉制品研发、生产及销售的综合性企业。公司总部位于北京市，投资建有山东守正新型岩棉制品有限公司、河南守正新型岩棉制品有限公司、河南新东风墙体保温有限公司三个大型现代化生产基地。公司引进欧洲先进的三维法岩棉板生产工艺，采用高性能、精标准的技术设备，分别组建4条2万吨高品质外墙外保温专用岩棉板生产线，年生产能力达8万吨，是目前中国北方地区生产规模大、产品品质佳的建筑外墙保温岩棉板生产商。

泰石外墙保温专用岩棉板是专为建筑物的外墙外保温薄抹灰系统而设计生产，具有垂直面抗拉强度高、尺寸稳定性好、憎水率高、吸水率低等特性。分别有TSW140，TSW160和TSW180三种级别的产品，以满足不同需求。

产品1

产品2

产品3

山东泰石保温材料有限公司

地址：山东·泰山·泰安大汶口石膏工业园　（104国道泰曲收费站南1000米路东）
电话：0538-5052777　0538-5052778

适用范围

1.特别适用于岩棉板薄抹灰外墙外保温系统。
2.适用于干挂石材、铝塑板、铝单板等幕墙结构外保温系统。
3.作为防火隔离带用于非A级保温材料的外墙保温系统，以提高整个系统的防火能力。
4.其他对防火、保温、防水要求等级高的保温场所。

产品规格

产品代码	TSW140	TSW160	TSW180
表观密度，kg/m³	140	160	180
长×宽，mm	1200×600		
厚度，mm	30～200		

性能指标

按GB/T 25975《建筑外墙外保温用岩棉制品》执行，具体如下：

产品性能	单位	TSW140	TSW160	TSW180	标准
表观密度	kg/m^3	140	160	180	GB/T 5480
抗压强度（10%变形）	kPa	≥40	≥50	≥60	GB/T 13480
抗拉拔强度（垂直于表面）	kPa	≥7.5	≥10	≥15	JG 149—2003
导热系数（25℃）	W/(m·K)	≤0.040	≤0.040	≤0.040	GB/T 10295
燃烧性能	—	A级不燃			GB/T 8624
憎水率	%	≥98	≥98	≥98	GB/T 10299
酸度系数	—	≥1.8	≥1.8	≥1.8	GB/T 5480
质量吸湿率	%	≤1.0	≤1.0	≤1.0	GB/T 5480
短期吸水量(部分浸水24h)	kg/m^2	≤0.5	≤0.5	≤0.5	GB/T 25975-2010
长期吸水量（部分浸水28d）	kg/m^2	≤2.0	≤2.0	≤2.0	GB/T 25975-2010
降噪系数（NRC）	—	≥0.6	≥0.6	≥0.6	GB/T 18696
尺寸稳定性	%	≤1.0	≤1.0	≤1.0	GB/T 8811
厚度偏差	mm	±3	±3	±3	GB/T 5480
直角度	mm/m	≤5	≤5	≤5	GB/T 5480
平整度	mm	≤6	≤6	≤6	GB/T 25975-2010
熔化温度	℃	＞1000			

生产企业

山东泰石保温材料有限公司成立于2011年9月，占地16万m^2，投资3亿元，年产优质岩棉10万吨。厂址位于山东省泰安市岱岳区大汶口石膏工业园，东西两侧紧邻G3京沪高速公路、京沪高速铁路、104国道，交通便捷，现有员工170余人，是国家重点保温隔热材料生产企业。

公司专业生产“泰石牌”岩棉保温制品，生产线采用当今国内先进的生产技术，自动化的流水线设备，生产技术与国际先进水平同步，技术含量高，在国内岩棉生产中居领先地位。主要产品有各类外墙保温专业岩棉板，外墙保温防火隔离带专用岩棉，屋面保温专用高强度岩棉板，工业设备用岩棉板、棉毡、农业用岩棉、粒状棉等系列产品；年产量十万吨，产品以玄武岩为主原料，纤维细软、弹性好、重量轻、强度高、导热系数小，具有良好的隔热、吸声和防火性能，被广泛应用于建筑内外墙的防火、隔声、保温以及热力管道、工业设备、交通工具的保温隔热等领域，产品各项技术指标均符合或高于国家标准。

山东省公安厅技术中心大楼

厂区

济南市第三人民医院
综合病房楼

4.1.1.2 矿棉

义望粒状矿棉是无机纤维类保温、隔热、吸声材料，具有导热系数低、不燃、吸声效果好的特点，且具有一定的弹性和柔软性，适合于各种形状的保温和吸声工程的填充材料，以矿渣棉为原材料还可以进一步加工成为各种形状的异性保温、保冷、隔热、吸声制品，从而应用施工更为简便。粒状棉的生产工艺有喷吹法、离心法、摆锤法或离心吹制法。目前离心法的应用最为广泛。

产品1

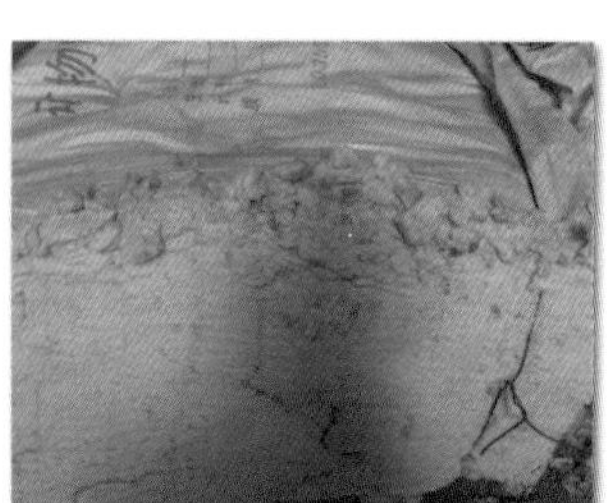
产品2

产品3

产品4

交城义望铁合金有限责任公司

地址：山西省吕梁市交城县三角村东

电话：18636631004

传真：0358-3566507

适用范围

广泛用于中空缝隙的填充保温、隔声；可做防火保温吸声性涂料；还可用于钢结构的建筑防火喷涂以及屋顶保温板的制造，达到消防要求；更是各类吸声板制品的优质材料，造船业的消防、保温材料，农业无土栽培的首选优质材料。

保温

隔声

耐火

产品规格

矿渣棉应压缩包装交货，其外向尺寸为1500×900×800。

技术指标

按义望铁合金有限责任公司企业标准 Q/YW－矿渣棉执行，具体如下：

性能	指标
有机物含量	≤0.2%
导热系数	≤0.38W/（m·K）
酸度系数	1.1～1.4
热荷重收缩温度	≥650℃
纤维的平均直径	≤5μm
颜色	白色
包装形式	压缩大包装每件300kg左右、小包装20kg

施工安装

粒状棉施工要点：

1.基面应处理干净，清除表面尘埃、浮砂、油污及锈。

2.操作喷涂机时必须先送风，再送水，最后送干料，不可倒置。

3.喷枪应与喷涂面垂直施工。

4.保温层很厚时（≥50mm），可分几次进行，必须在前一层干后再喷后一层。

5.较大面积的设备还应铺设镀锌铁丝网以便粘结喷料。

生产企业

交城义望铁合金有限责任公司是世界高端电炉金属锰生产企业，中国铁合金工业协会副会长单位，我国主要的锰系铁合金产品生产和出口基地之一。公司创建于1988年4月，下辖铁合金、矿棉(粒状棉)两个分厂，工厂占地64.3万平方米，在岗职工1700人，总资产12亿元，年产值20亿元，累计向国家纳税9亿元，创汇4.37亿美元。公司是山西省高新技术企业、国家火炬计划重点高新技术企业，先后获山西省科技进步先进民营企业、山西省诚信纳税先进单位、山西省守合同重信用企业、山西省节能工作先进企业、山西省创建学习型企业先进单位、就业工作先进单位，山西省循环经济试点企业、山西省对外贸易先进企业、山西省资源综合利用企业。

公司十分重视环境保护和资源利用，2011年6月份投资建立了铁合金废渣液态热装粒状棉生产线，年产量达到2万吨，最终实现从单一的粒状棉生产到成型的矿物棉及其制品生产线，占地5万多平方米，拥有吹棉车间、制品车间、矿棉专用运输车队、保温工程设计室和安装施工队，成为我国矿物棉制品较全的现代化绝热、保温材料厂之一。

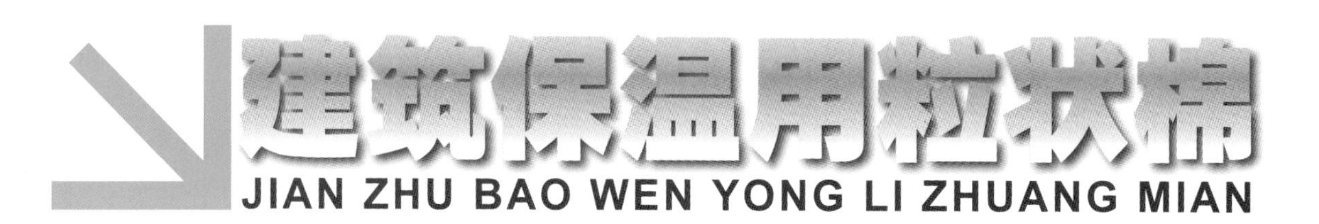

金隅星牌粒状棉产品是以工业废料矿渣为主要原料，经高温熔化，采用高速离心法工艺制成的棉丝状无机纤维。产品本身属无机质硅酸盐纤维，不燃、隔热、保温、无腐蚀性。

金隅星牌粒状棉按行业优等品要求生产，粒径均匀、渣球含量低、酸度系数高、品质稳定，具有良好的保温、吸声性能；防火等级达到A1级。产品可广泛应用于各类建筑的无机纤维喷涂保温，同时也是保温板材、摩擦密封、无土栽培、矿棉板生产的主要原料。

北京金隅节能保温科技有限公司

地址：北京市海淀区建材城西路12号

电话：（010）82919661

传真：（010）82931074

适用范围

主要应用于地下车库及地下室的保温隔热、吸声降噪；室内采暖区与非采暖区之间楼板的保温吸声；设备房、设备层的降噪、减震；体育场馆、公共区域的吸声保温；彩钢屋面的抗阻尼减震和保温；电梯井的降噪、隔热、减振；干挂石材、玻璃幕墙的保温隔热。

技术指标

按国标 GB/T 11835《绝热用岩棉、矿渣棉及其制品》标准执行，具体如下：

序号	检验项目	国家标准	实测值
1	导热系数（平均温度25℃），W/(m·K)	≤ 0.044	0.040
2	纤维平均直径，μm	≤ 7.0	3.6
3	渣球含量（粒径大于0.25mm），%	≤ 10	2.3
4	密度，kg/m^3	≤ 150	135
5	热荷重收缩温度，℃	≥650	680

工程案例

朝阳大悦城工程、北京五中工程、北京奔驰工程、北京金隅花石匠工程。

北京五中

华侨历史博物馆

奔驰

宜家项目

生产企业

北京金隅节能保温科技有限公司（原名：北京星牌建材有限责任公司），简称“金隅节能保温公司”，成立于1985年。公司致力于节能、环保、绿色产品的研发、生产及应用推广，经过数十年的发展，积累了丰富的生产经验，是高端、绿色建材的领跑者，在业界具有良好的声誉。主要产品有岩棉保温系列产品，矿棉吸声系列产品。

岩棉制品采用国际领先的工艺技术，采用电熔炉的岩棉生产线，年生产能力为3.5万吨高品质岩棉。产品具有优异的防火和保温性能，适用于各类建筑的防火保温和工业设施、车辆船舶的隔热保温、吸声隔声。

本公司是国内大型的矿棉生产企业，年生产能力为2万吨高品质矿棉。矿棉制品引进日本先进工艺技术，属于无机纤维，可应用于各类建筑的保温隔热、吸声降噪；是钢结构抗阻尼、工业隔热的理想材料，同时也可作为防火纤维及骨料加入各种工业制品中。

硅酸铝制品

GUI SUAN LV ZHI PIN

华能硅酸铝纤维已成为当今保温耐火材料的主流，呈白色纤维状，因其良好的耐热性能，可直接用于高温炉窑、加热设备的热面壁衬材料，并使炉窑、加热设备实现高效、节能及结构轻型化。硅酸铝纤维以优质硬质黏土熟料——焦宝石，与无机结合剂结合，根据原料和工艺不同，分为1000℃、1260℃、1600℃、1700℃几个等级。该材料容重清、导热系数底、产品质量稳定、耐高温、隔热性能好，广泛运用于建筑、冶金、电力、化工等领域。

硅酸铝板

河北华能耐火保温材料股份有限公司

地址：河北省河间市米各庄工业区

电话：0317-3199813

传真：0317-3196888

硅酸铝针刺毯

适用范围

产品广泛运用于建筑、冶金、电力、化工等领域。

硅酸铝业绩图1

产品规格

1000×600×(20～100)

技术指标

按电力标准GB/T 16400执行，具体见下表：

硅酸铝业绩图2

维直径	≤5	含水量	<5	吸湿率	≤5
憎水率	≥98	高温线收缩	≤4mm	热导率	0.035（常温）
不燃性	合格	使用温度耐火度	≤1000～1790℃	氯离子含量	10～30
密度，kg/m^3	硅酸铝板（一般长1200/1000×宽600/500×厚20～100，特殊可定制）				
	50～80				
	80～100				
	100～120				
	120～1500				

施工安装

1.基层墙面处理：对于墙面上的污物、松软空鼓的抹灰层及油渍等，均应彻底铲除干净，对破损的抹灰层必须修补整平。长有苔藓的旧墙面，要用杀虫剂彻底清洗。新建建筑外墙抹灰应符合规范要求。

2.涂刷界面砂浆：用滚刷或扫帚将界面砂浆均匀涂刷或机械喷涂。不得漏刷，拉毛不宜太厚。

工程案例

国电九江电厂扩建工程、国电龙华延吉热电厂工程、国电江南热电厂工程。

硅酸铝业绩图 1

硅酸铝业绩图 2

硅酸铝业绩图 3

生产企业

河北华能耐火保温材料股份有限公司是华北地区保温材料行业上市企业，是集生产、技术、科研、开发、销售、施工于一体的大型骨干企业，是全国电力行业保温耐火材料归口管理企业，是河北省科技型企业和省级民营经济科技明星企业。

公司创建于2000年，地处河北省河间市米各庄镇经济开发区，交通极为便利。公司注册资金5200万元，总占地面积96000平方米，其中厂房占地面积72000平方米，绿化面积16000平方米。公司设备先进、技术力量雄厚，共有职工350人，有高级工程师10人，工程师15人，大中专以上的专业技术人员25人。公司生产的各种耐火保温材料产品，涵盖了电力、石化、冶金、航空、陶瓷、钢铁、船舶等各大行业，品种规格齐全，质量稳定可靠。2003年，公司生产的绝热用硅酸铝棉制品荣获“河北省优质产品”；自2003年至2012年连续被评为河北省“重合同守信用企业”和“重质量守信用示范单位”，并荣获“河北省名牌产品”和“质量效益型先进企业”称号。2009年我厂生产的硅酸铝制品荣获“河北省中小企业质量信得过产品”称号。

我公司产品畅销全国各大中城市，并远销俄罗斯、德国、美国、韩国、印尼、日本、伊拉克等十多个国家和地区，享誉海内外。

4.1.1.3 无机发泡材料

泡沫玻璃
PO MO BO LI

鹏飞泡沫玻璃是一种以废玻璃为基体的内部含有大量分布可控的多孔无机材料，它是以废旧玻璃、碳粉及各类添加剂为原材料，经900℃高温烧结而成。泡沫玻璃实际上是废玻璃与气体复合的闭孔材料，正是由于这种特殊结构使之既具有无机玻璃的特性又有气泡特性，如表面密度小、导热系数低、抗冻融性能好、吸水率低、防水密封、不燃烧、吸声、耐腐蚀、透湿系数低、可加工性能好等，是新型节能环保材料、绝热隔声材料、防水材料和建筑密封材料。泡沫玻璃产品的主要替代目标包括聚苯板、挤塑板、发泡聚氨酯等建筑保温材料，可有效地降低有机保温材料生产过程中对化学材料及能源的消耗。同时，生产泡沫玻璃不产生其他工业废弃物，经过切割后的边角余料可以作为建筑物屋顶保温材料使用，完全实现清洁生产，节能减排效益显著。

甘肃鹏飞隔热材料有限公司

地址：兰州市西固区广家坪1号

电话：0931-7515881

适用范围

产品广泛应用于LNG、LPG、石油、化工、造船、地下工程、国防军工、冷库、恒温恒湿机房、实验室的保温隔热、民用建筑工程等领域。

产品规格

按泡沫玻璃产品的密度分为：140号、160号、180号和200号四种型号。按产品的外形分为：平板（代号P）、管壳（代号G）和弧形板（代号H）三种。

其中：

平板尺寸范围：长度300～600mm；宽度200～450mm；厚度30～120mm。

管壳尺寸范围：长度300～600mm；公称内径18～480mm；公称内径≤102mm时，厚度为25～120mm；公称内径≥102mm时，厚度为40～120mm。

弧形板尺寸范围：长度300～600mm；公称内径≥480mm；厚度40～120mm。

产品的物理性能指标满足JC/T 647《泡沫玻璃绝热制品》的规定要求，客户另有要求时，按其约定生产。

技术指标

产品经省建筑材料产品质量监督检验站检测，我公司泡沫玻璃产品生产原料中综合利用固体废渣掺量为99%。产品品质指标符合《泡沫玻璃绝热制品》JC/T 647标准规定的要求。

工程案例

东岗兰太医院兰太小学、东岗甸子街48中学、四川瑞鑫特隔热材料有限公司、中国石油天然气股份有限公司兰州石化分公司、兰州石化建安公司、江苏扬州工业园区屋顶保温、江苏省淮安市楚州区中国建筑淮安四馆项目、南京永康节能材料有限公司、南京日东建筑材料有限公司、山东荷泽玉皇化工有限公司、安徽淮化股份有限公司、武汉正奇新型建材、神华宁夏煤业集团物资公司、中国石油天然气股份有限公司兰州石化分公司2011年检修项目、甘肃省女子职业学校、甘肃省妇幼保健医院、嘉兴金利化工有限公司责任公司、嘉兴石化有限公司PTA项目锅炉保温工程、大金氟化工（中国）有限公司、青海省外墙保温及防火隔离带、民用建筑防火保温项目、G045线新疆境内塞里木湖至霍尔果斯公路改建隧道隔热工程、中国石油天然气股份有限公司兰州石化分公司化肥厂C锅炉180m烟囱防腐脱硫项目、兰州市建筑消防隔离带保温防火项目、中国石油天然气股份有限公司兰州石化分公司化肥厂检修、神华宁夏煤业集团物资公司60万吨甲醇项目、中国石油天然气股份有限公司兰州石化分公司大乙烯检修、中国石化集团第二建设公司镇海炼化100万吨乙烯项目、中国寰球工程公司钦州港专利设备开发制造分公司2000万吨原油储备库10万m^3原油储备罐项目等。

生产企业

甘肃鹏飞隔热材料有限公司成立于2005年，位于兰州市西固区广家坪1号，占地面积39142.3平方米，注册资金1800万元，现有员工127人。

公司成立至今，已发展成为一家集设计、施工、生产、科研于一体的大型泡沫玻璃生产企业，有独立的进出口贸易经营权，拥有国内先进的泡沫玻璃生产线和自主知识产权的泡沫玻璃生产工艺。

公司先后被兰州市乡镇企业局评为“兰州市乡镇企业名牌产品”，被甘肃省工商行政管理局评为“守合同重信用”企业，2007年，鹏飞牌泡沫玻璃获得“甘肃省名牌产品”称号。

2005年，公司获得国家知识产权局颁发的《无瓷化泡沫玻璃烧结填充料及其工艺方法》发明专利和《防辐射绝热材料》实用新型专利；2008年12月，获《用于泡沫玻璃建筑保温系统的粘结砂浆》和《用于泡沫玻璃建筑保温系统的抹面砂浆》两项发明专利；2012年10月，获《泡沫玻璃专用安装固定件》实用新型专利。

甘肃鹏飞隔热材料有限公司利用工业废渣及建筑垃圾——废旧玻璃为原料生产泡沫玻璃，充分发挥了当地资源优势，依靠科技进步，提高资源再生综合利用，在改善人们生活和工作环境的同时，培育和形成了新的经济增长点。

泡沫混凝土保温板

PAO MO HUN NING TU BAO WEN BAN

本产品以水泥、粉煤灰、硅粉等为主要原料，经发泡、养护、切割等工艺制成的闭孔轻质泡沫混凝土保温板。产品由于其成分均为无机材料，因此耐高温、不燃烧，耐火度可达1000℃以上，防火性能优异。同时，产品的闭孔率>95%，高闭孔率使空气流动造成的热传递降低，因此保温性能较好，导热系数可达0.055W/(m·K)。此外，产品还具有质轻、强度高、与建筑物同寿命等优点。

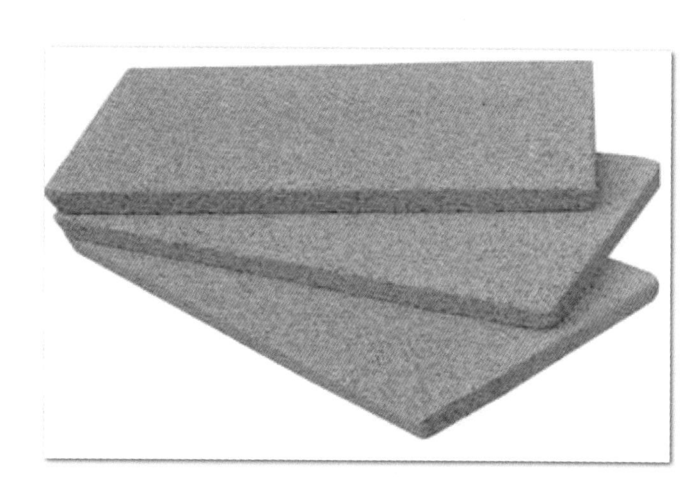

产品现场施工时采用胶粘剂粘贴为主、机械锚固为辅的方法固定于基层墙体上，并用网格布和抹面砂浆找平，从而形成一种新的外墙外保温体系。与现场施工的外保温技术相比，该系统具有工业化程度高、质量好、不龟裂、减少现场湿作业、减轻劳动强度、提高施工效率等优点，具有较好的技术经济效果。

河北时代节能建材有限公司

地址：河北省廊坊市大城县东环路18号

电话：400-189-9185

传真：0316-5569869

适用范围

产品广泛应用于大跨度工业厂房、仓库、大型机车库、体育场馆、展览馆、飞机场、大型公用设施、活动房及住宅夹层、民用建筑的隔墙保温等各领域建筑工程。

产品规格

长度（mm）：300、600；宽度（mm）：300；厚度（mm）：符合设计要求。

性能指标

按Q/HBSD 01《SD-泡沫混凝土保温板外墙外保温系统》执行，具体如下：

<table>
<tr><th>项目</th><th colspan="2">技术指标</th></tr>
<tr><td>干体积密度，kg/m^3</td><td colspan="2">191</td></tr>
<tr><td rowspan="2">抗压强度，MPa</td><td>平均值</td><td>0.5</td></tr>
<tr><td>最小单值</td><td>0.45</td></tr>
<tr><td rowspan="4">燃烧性能，A1级</td><td>炉内平均温升，℃</td><td>3</td></tr>
<tr><td>平均持续燃烧时间，s</td><td>0</td></tr>
<tr><td>平均质量损失率，%</td><td>28</td></tr>
<tr><td>总热值，MJ/kg</td><td>1.2</td></tr>
<tr><td rowspan="2">放射性</td><td>内照射指数</td><td>0.4</td></tr>
<tr><td>外照射指数</td><td>0.5</td></tr>
<tr><td>导热系数，W/(m·K)</td><td colspan="2">0.059</td></tr>
<tr><td>吸水率（V/V），%</td><td colspan="2">12</td></tr>
<tr><td>碳化系数</td><td colspan="2">0.96</td></tr>
<tr><td>抗拉强度，kPa</td><td colspan="2">127</td></tr>
</table>

工程案例

北京格林山水小区、北京延庆县西屯幼儿园、石景山古城外国语学校、沈阳浑南区带小学分校等。

生产企业

河北时代节能建材有限公司是一个以生产经营保温材料及其附属材料为主的企业。公司与中国泡沫混凝土协会共同研制的泡沫混凝土保温板外墙外保温系统，实现了全部自动化作业。公司拥有大批管理人才和研发人才，并配备实验室；采用国内领先试验设备，组建了一流的研发平台。公司一直坚持“科学管理、质量第一、顾客至上、创优争先”的管理模式，严格按照ISO9001控制质量，注重社会效益，充分发挥企业的技术和优势，结合丰富的施工经验和雄厚的技术实力，打造一流的精品工程。

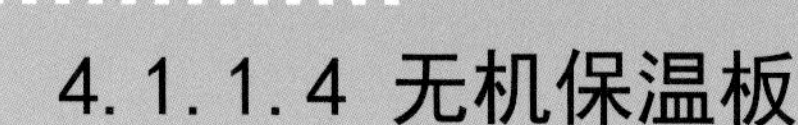

赛特真空绝热板是由表面具有高阻隔性的封装材料和隔热性能极强的多孔或纤维材料(做芯材)、吸气剂或吸附剂构成，是在真空状态下用封装材料将芯材、吸气剂或吸附剂封装而成的型材。

真空绝热板通过最大限度提高内部真空度将存留在绝热空间的气体清除掉，使得气体导致的各种传热途径被消除，以此来隔绝热传导，达到保温、节能的目的。

建筑用真空绝热板是采用纳米级超细多孔无机粉末作为芯材原料，通过大型设备压制成高强度板材，并用多层高效阻隔膜及致密的无机纤维材料对其进行包覆、抽气、封严而成的高效保温材料。

产品1

产品2

福建赛特新材股份有限公司

地址：福建省连城工业园区

电话：0592-6157152

传真：0592-6199972

适用范围

建筑用真空绝热板是根据建筑特点专门研制的可以适用于建筑领域的一类真空绝热板。可以应用在建筑物的围护结构上，如外墙、内墙、屋面、地板；还可以应用在移动板房、活动房屋、房车等的围护结构上，总之，其应用领域广泛，可用于各类民用、公用建筑的外墙外保温和既有建筑的节能改造。

产品规格

公司研制的建筑用真空绝热板，简称MST板。其规格见表1：

表1 建筑用真空绝热板规格表

项目	常规规格尺寸
长×宽，mm	600×500、600×400、600×300、400×400、400×300
厚，mm	10、12、15、20

注：1.可根据客户需求制作。

2.产品极限尺寸：长Max1650；宽Max800;厚度不限。

技术指标

执行企业标准，编号为：Q/FJST 001、Q/FJST 003，具体见表2：

表2 建筑用真空绝热板性能指标

项目	指标
导热系数，W/（m·K）	≤0.006
防火性能	A1级
体积密度，kg/m^2	≤300
使用温度，℃	−40～100
使用寿命	满足建筑物25年以上的要求

施工安装

真空绝热板外墙保温系统分为真空绝热板和复合真空绝热板两种形式。真空绝热板外墙保温系统适用于外墙外保温的涂料饰面、饰面砖饰面、块材幕墙饰面及外墙内保温的涂料饰面、饰面砖饰面的做法；复合真空绝热板外墙保温系统适用于外墙外、内保温的涂料饰面及块材幕墙饰面的做法。

1.以涂料、饰面砖、块材幕墙为饰面的真空绝热板外墙外保温工程构造做法，采用真空绝热板作为保温层，并用粘锚的方式固定在基层墙体上。

2.真空绝热板外墙外保温系统用于建筑高度小于100m非幕墙式的住宅时，可不做防火隔离带。用于其他民用建筑时，建筑高度应小于50m，且高度大于等于24m小于50m之间的每两层应设置水平防火隔离带。建筑高度小于24m可不做防火隔离带。

3.真空绝热板外墙外保温系统用于幕墙式建筑外墙时，建筑高度应小于24m，且每层应设置水平防火隔离带。

工程案例

新疆某别墅保温装饰一体化应用工程、江苏扬州工地薄抹灰系统应用工程、沈阳华银大厦、沈阳某小区、新疆巴州某工地干挂系统工程、上海轻钢结构的竹屋建筑围护结构全部选用VIP保温、上海集装箱式活动房围护结构全部选用VIP保温。

2010年上海轻钢结构的竹屋建筑——围护结构全部选用VIP保温

2011年上海集装箱式活动房——围护结构全部选用

生产企业

福建赛特新材股份有限公司坐落于风景秀丽的龙岩冠豸山风景区，一直专注于真空绝热板（简称VIP）的研发、生产、销售及相关设备研究，是中国VIP行业标准的起草单位，也是世界VIP协会的特别会员。

公司从事VIP的工作最早可追溯到2003年。长久以来公司投入大量资金用于技术研发和创新，除发挥企业研发团队的技术优势外，还积极与高校发展产学研合作，依靠自主创新，以VIP为核心，积极推动上下游产品的研制和生产，促进上下游产业的快速发展，现已然成为国内真空保温材料行业的产业带动者和推动者，成为世界高新技术材料基地。

硬质防火隔热板

YING ZHI FANG HUO GE RE BAN

宁波科立华公司发明的“AFH硬质防火隔热板材”（简称“AFH”英文防火隔热）具有以下特点：①防火等级高（A1级）；②隔热效果好；③耐腐蚀性能好（能防止酸、碱、盐、油等物质的污染腐蚀）；④：抗折压强度高；⑤耐低温；⑥抗老化，使用寿命长；⑦生产和使用过程中，无有毒气体的挥发和放射性物质的污染；⑧比重比钢铁轻4.7倍以上。

宁波科立华建材科技有限公司

浙江省宁波市宁海县桃源街道北斗北路359号

电话：0574-65298658

传真：0574-65331823

适用范围

1.建筑领域：可用作工厂屋面板、外墙板、车间隔段、学校及公共建筑的隔段、屋顶的防水隔热板。

2.军工领域：海防海岛的军事设施、边疆沙漠等恶劣环境中的建筑设施、大型舰船上的隔仓和生活设施及炮弹箱等。

3.农业领域：可搭建临时住房、仓库和管理用房等。

4.城建领域：窨井盖、排污管、护栏、花盆、消防门等。

该产品为全天候全覆盖产品，市场前景无限。

产品规格

1.屋面板有两种：夹层板与单层板，宽1米，长为6.5米以内的任何长度。

2.墙面板及隔墙板，宽1米，长为10以内的任何长度。

3.产品的母体为胶状物质，可生产客户需要的任何形状产品。

技术指标

按宁波科立华建材科技有限公司企业标准（Q/KLH001）执行，具体如下：

1.防火等级：A1级；

2.导热系数为0.23W/(m·K)；

3.密度：1650kg/m；

4.耐老化性能：人工氙灯照射600h、不起泡、不剥落、无裂纹，粉化0级，变黑数级；

5.耐冻融循环性能：30次冻融循环不应出现裂缝、空鼓、脱落等现象；

6.耐酸碱性能：在5%H_2SO_4、5%NaOH溶液中浸泡15d、无起泡、空鼓、脱落等异常现象。

7.抗折强度：复合板材抗折强度应大于83MPa；

8.抗压强度：复合板材抗压强度应大于3.2MPa。

施工安装

与成熟的彩钢板安装方法相同，但在固定螺丝上加避水器（专利产品），可保证防水效果和牢度。安装时人可在复合板上任意走动。

工程案例

宁海县富来压铸厂、江苏驿都国际大酒店有限公司、象山凯跃铝制品厂、宁波鹏瑞金属制品有限公司、桥头胡街道汶溪周铝制品厂、宁海县佛兰德光电科技有限公司。

宁海富来压铸厂

蒙恩铝业

永泰

生产企业

宁波科立华建材科技有限公司是由王秀元（经营师）、童时杰（工程师）、王侃（英国爱丁堡大学硕士研究生，工程师）及相关人员组成的团队。2006年开始研究该项目，公司成立于2013年3月。

公司目前有40名员工，有8条手工生产线，年生产能力50万平方米产品。8月份公司已收到国家知识产权局的发明专利申请受理通知书，已申领“实用新型”专利证书，专利号：201320201703.1。

企业研发的节能环保产品符合国家形势要求，为国内首创。公司已在上海、天津等地成立子公司，计划在全国每个省建立一家该产品的生产基地，为全国提供节能环保新产品。

华金盛A级不燃保温板的原理为产品的蜂窝状防火隔离舱，使每一个有机高分子形成相对独立的防火单元，从而有效地阻断了热量的传导和火势的蔓延，具有环保无毒害、憎水透气吸声、产品结构合理的特点。

北京华金盛科技有限公司

地址：北京市通州区经济开发区东区创益西路

电话：010-80896735

传真：010-80896735

适用范围

华金盛A级不燃保温板适用范围：墙体保温系统、(含屋面保温和地面采暖）防火隔离带、防火门芯板、新型建筑墙体消声板、泡沫混泥土砌块、隔声板等领域。

产品规格

A级不燃保温板的尺寸及允许偏差（mm）

长度	允许偏差	宽度	允许偏差	厚度	允许偏差
600	±2	300	±2	20～150	±0.5
800	±2	400	±2	20～150	±0.5
900	±2	450	±2	20～150	±0.5

技术指标

项目		性能指标
干表观密度，kg/m^3		≤200
抗压强度，MPa		≥0.40
抗折强度，MPa		≥0.10
抗拉强度，MPa		≥0.10
吸水率，%		≤10
抗冻性（15次）	质量损失，%	≤5
	强度损失，%	≤25
软化系数		≥0.60
导热系数,W/（m·K）		≤0.068
燃烧性能等级		A1

施工安装

1.华金盛A级不燃保温板材可以按需切、锯、刨、磨、钉。

2.薄抹灰结构可以沿用原有施工方式，易于操作，施工质量易控。

3.板材各项性能指标优异，工程应用稳定可靠。

4.施工方式多样，工艺灵活，适合不同施工要求。

生产企业

北京华金盛科技有限公司是由著名化工专家陈述华教授亲自带队，集干粉外加剂和建材的研发、生产、销售于一体的高科技企业。公司坐落于北京市通州区经济开发区，占地面积168亩，在职员工两百余人，并依托首都的区位优势和人才优势，先后与国内外多家科研机构建立了稳固的合作关系。

公司建有化工专项研发室、建材专项研发室、质检中心，拥有新产品中试基地、应用实验基地、技术培训基地、大型生产基地及成品检验中心。

公司在陈述华教授的带领下研制了具有国际领先水平的粘结强度高、针对性强的高分子柔性耐水腻子胶粉系列产品。

公司旗下研发生产的A级不燃保温板领跑业界多年，以超高性价比和出类拔萃的性能，赢得了国内外广大客户的青睐和业界的普遍赞誉。

多年来公司始终秉持“低碳环保、和谐共赢”的企业理念，以专业、安全、科学发展作为战略思想，坚持开拓创新，回馈社会。

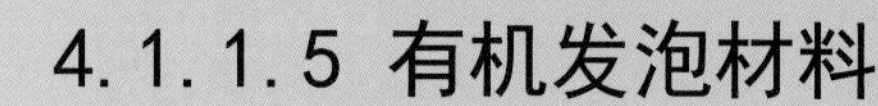

4.1.1.5 有机发泡材料

硬泡PU复合板薄抹灰外墙外保温系统

YINGPAOPUFUHEBANBOMOHUI WAIQIANGBAOWENXITONG

廊坊华宇创新科技有限公司硬泡PU复合板薄抹灰外墙外保温系统以硬泡聚氨酯复合板为保温材料，用胶粘剂（必要时加设机械锚固件）安装于外墙外表面，用耐碱玻璃纤维网格布增强的聚合物砂浆做防护层，用涂料、饰面砂浆或饰面砖等进行表面装饰，具有保温功能和装饰效果。

廊坊华宇创新科技有限公司

地址：廊坊开发区耀华道3号

电话：0316-59185688

传真：0316-6077099

适用范围

应用领域为住宅、商业办公楼等外墙外保温工程项目。

产品规格

本产品以（1200长×600宽×20～100厚度）为基准，其他规格的尺寸，可由供需双方商定。

技术指标

按标准Q/LHY 02《硬泡聚氨酯复合板薄抹灰外墙外保温系统》技术要求执行，具体如下：

项 目	性能指标	
硬泡聚氨酯芯材	密度，kg/m^3	≥35
	导热系数，W/(m·K)	≤0.024
	吸水率，%	≤3
硬泡聚氨酯复合板	压缩性能（形变10%），kPa	≥150
	垂直于板面方向的抗拉强度，MPa	≥0.10
硬泡聚氨酯复合板	热阻，m^2·K/W	应符合设计要求
	燃烧性能	燃烧性能等级不低于B1级，且符合设计要求

工程案例

北京前门商业街新建项目、廊坊市地税局机房新建项目、河北工业大学邢台分院新建项目、邢台市第三中学物业服务楼新建项目、青海省玉树州玉树县第一完全小学、北京市平谷区老旧小区改造项目、廊坊市财政局宿舍楼改造项目、邢台市天一城小学建设项目、邢台市南和十召第一中学、北京市海淀区老旧小区综合改造工程、武汉市恒大金帝天下新建工程、北京市怀柔区老旧小区综合改造工程、石家庄市阳光小区新建项目、北京市平谷区王辛庄镇政府新建项目、北京市惠新西里旧房改造工程、 北京市静安东街旧房改造工程、北京市朝阳区劲松小区、北京市东大桥24号楼、北京市朝阳区定福庄、邢台市浪淘沙新建项目、东风桥姚家园、北京市朝阳区老旧小区综合改造工程、北京市朝阳区秀水园小区、北京市朝阳区顺原路三源里街20号楼、邢台市左岸春天项目。

明悦湾

山东消防支队

金桥

生产企业

廊坊华宇创新科技有限公司位于环渤海经济圈中心，京津黄金走廊——廊坊经济技术开发区国际履约环保产业园区。公司占地50亩，拥有享受国务院特殊津贴专家为首的研发团队和意大利引进的先进设备。

公司依托强大的航天科研力量和环保基础，奉行高起点、高品质、可持续发展的经营路线，一直致力将最前沿的聚氨酯技术转化为优质产品，开发了从原料到制品墙保温材料、外墙保温复合板用柔性水泥基面材、中央空调用复合风管系统、组合料等数十个品种，已成为北京住总集团等单位的战略合作供应商，2012年的销售收入超过2亿元。

我们一直坚持“与客户共创持续价值”的经营理念，致力于为客户提供最优质的产品和服务，积极倡导“守正创新，追求卓越”的核心价值观，努力将华宇打造成为提供最优聚氨酯节能产品的中国企业。企业的使命和责任是“持续优化产品性能和组合，提供优质的建筑节能产品和解决方案，为节能减排和人类安居做出贡献”。

山东鲁盾生产的聚氨酯硬质泡沫复合保温板，采用国内先进的技术及国内先进的生产设备、检验设备，实现了计算机自动控制，保证了产品质量。聚氨酯硬泡具有重量轻、耐冲击、密度高、尺寸稳定性好、吸水率低、压缩强度高、隔热性能好、保温性能好、阻燃性能高等优良特性。

山东鲁盾保温材料有限公司

地址：山东省宁津县城南宁德公路工业园

电话：0534-5533278

传真：0534-5533278

适用范围

主要用于外墙外保温系统。

产品规格

长度：1200～3600mm；宽度：600～1200mm；厚度15～150mm；允许误差：2mm。

技术指标

项目	指标	单位
密度（允许误差：±2kg/ m³）	40～65	kg/m³
压缩强度	≥150	kPa
导热系数	≤0.024	W/(m · K)
尺寸稳定性	≤2%	—
水蒸气透湿系数	≤6.5	ng/(m · s · Pa)
吸水率	≤3%	—
燃烧性能	B级	—

工程案例

德州嘉盛盛事外墙保温、德州市宁津县开泰社区外墙保温等。

应用图片1

应用图片2

生产企业

山东鲁盾保温材料有限公司是专业生产硬质聚氨酯泡沫系列保温板材的企业，它成立于2008年5月，是山东省宁津县鲁盾聚氨酯制品有限公司的分支企业。山东省宁津县鲁盾聚氨酯制品有限公司是省级高新技术企业、中国专利——山东明星企业、省级重合同守信用企业和省级消费者满意单位。“鲁盾”牌商标为山东省著名商标。鲁盾聚氨酯软管为国家免检产品。

山东鲁盾保温材料有限公司占地面积120亩，建有35000平方米的生产车间，5000平方米的办公大楼，引进了先进的硬质聚氨酯泡沫连续生产线4条，挤塑XPS生产线1条，水泥粉煤灰聚氨酯硬泡复合轻质墙板生产线3条，总投资1亿元左右。生产各类保温板材约500万平方米，产值2.5亿左右。

公司新投产的聚氨酯硬泡墙体保温板，与一般保温材比较具有重量轻、强度高、耐冲击、隔热、保温、阻燃等良好的建筑节能效果，使用该材料保温的房屋，冬季室内可保持12℃以上，可节约煤50%左右。夏季室内可保持26℃左右，可节约电50%左右，是国家建设部提倡和推广的一种现代建筑节能材料。该产品市场广阔，用途广泛，既是高档建筑楼堂馆所保温节能需要的抢手货，又是城乡居民住宅经济实惠的最佳保温材料。

2009年我公司生产的获得国家实用新型专利的（专利证号：1275236）聚氨酯硬泡保温板被建设部评为“国家康居工程选用部品与产品”。公司自成立以来，注重人才引进和科学管理，已成为宁津县高科技品牌企业。

多年来公司凭借过硬的产品质量和完善的售后服务，赢得了良好的市场信誉。公司产品畅销山东、河北、安徽、新疆、北京、天津等50多个省市。鲁盾公司将继续以客户需求为关注点，不断研创新的产品，把世界上最先进的保温节能技术和理念带给客户，为创建国际现代型企业，实现民族工业的伟大振兴做出贡献。

酚醛泡沫（Phenolic Foam简称PF）是酚醛塑料的一种，是酚醛树脂、发泡剂、固化剂及其他助剂，经科学配方制成的闭孔型硬质泡沫塑料。酚醛泡沫因其导热系数低、保温兼顾防火等特点，被誉为保温材料之王。

酚醛泡沫为有机泡沫材料，导热系数低，导热系数为0.023w/(m·K)，远低于常用的其他保温材料。

酚醛泡沫作为一种性能优良的保温材料，不仅导热系数低、保温性能好，还具有难燃、热稳定性能好、质轻、低烟、低毒、耐热、力学强度高、隔声、抗化学腐蚀能力强、耐候性好等多项优点，最早应用到航天航空、国防工程领域，应用于潜艇、军舰的舱壁以及火箭、炮塔等，后被广泛应用到民用飞机、船舶、车站油井等防火要求严格的场所，以及对防火、节能、卫生等要求极高的高层建筑、医院、体育设施、学校、工厂、机场和空调风管、冷藏车、防火门等多个领域。

上世纪80年代，英国海军部下令所有军舰舱壁必须采用酚醛泡沫夹芯板。伦敦中心地铁上世纪80年代失火后全部采用酚醛泡沫作为舱壁材料。另外，连接英法两国的英吉利海峡隧道列车“欧洲之星”的舱壁、波音和空客的飞机舱体、毁于“9.11”的世贸大厦等也均采用了酚醛泡沫夹芯板。

改性酚醛防火保温板

管壳

管道保温

屋顶保温砖

福建天利高新材料有限公司

地址：福建省厦门市集美区珩田路456号（厦门北站商务营运中心）

电话：0592–6372252　　15060730608

传真：0592–6372290

适用范围

中央空调通风管道复合风管、外墙外保温系统、活动房、洁净车间用彩钢夹芯板、低温深冷管道保温等。

产品规格

复合风管常规尺寸：3000×1200×20，4000×1200×20

酚醛保温板常规尺寸：800×600×50

技术指标

酚醛保温板

项目	单位	指标
导热系数	W/（m·K）	≤0.03
表观密度	kg/m^3	50±5
燃烧等级	级	B
尺寸稳定性	%	≤0.3
压缩强度（相对于10%的压缩率）	MPa	≥0.10
垂直于板面方向的抗拉强度	MPa	≥0.10

复合风管

项目	指标
表观密度，kg/m^3	50±5
弯曲强度，MPa	≥0.15
压缩强度（相对于10%的压缩率），MPa	≥0.15
导热系数，W/（m·K）	≤0.03
尺寸稳定性，%	≤0.3
烟密度，%(SDR)	≤5

工程案例

广州火车南站、广州亚运城综合体育馆、黑龙江方正滨水商务中心、红塔辽宁烟草有限责任公司沈阳卷烟厂易地技术改造工程、黄海大市场——华睿数码城、辽宁省黄金交易中心、辽宁省检察院、辽宁省锦州花园温泉酒店、辽宁省沈阳202医院、深圳卓越世纪中心、天津农商银行。

生产企业

始于唐朝时期建设开始的连城朋口，风景秀丽，依山傍水。福建天利高新材料有限公司坐落在朋口工业集中园，总占地300亩，是一家集研发、制造、销售于一体的大型自主创新型企业，是以科技为先导，专注于酚醛(PF)系列产品（酚醛建筑节能防火保温板、中央空调风管系统、钢面型酚醛复合风管、酚醛泡沫防火保温板、酚醛彩钢夹芯板、酚醛保温管、屋顶隔热板等新型建材）研发与应用的现代化高新技术企业，是国内生产酚醛(PF)系列产品的新兴企业。公司设备先进，实力雄厚，总投资15亿元，是福建省重点企业。

公司注重技术创新和科技升级，拥有一批具有高学历和较高科研水平的研发人员和团队，拥有自己的科研实验室，可进行酚醛(PF)树脂、酚醛(PF)泡沫保温材料等系列产品的开发试验和应用研究。公司长期与各大院校和专业机构合作，与西安交通大学、青岛理工大学、北京化工大学、上海复旦大学、厦门大学化工研究院等高校建立技术合作关系。

公司拥有年产20万吨/年酚醛(PF)树脂和1500万m^3/年高性能酚醛(PF)系列产品的生产线与设备，技术先进，产品品质优良，是酚醛行业的领导者。公司在全国各个省会、直辖市、重点地区都设有经销商和办事处，同时依托厦门优异的港口优势，产品出口二十几个国家和地区。

ZYT硬质聚氨酯保温板是以高密度聚氨酯硬质泡沫板为芯材，在其正反表面复合水泥基防火卷材的新型复合保温材料，该材料采用连续生产线一次成型。ZYT硬质聚氨酯保温板导热系数为0.020，能适应我国建筑节能65%～75%的标准及更高标准要求。该系统可以使用涂料、真实漆、面砖等多种饰面材料，满足不同客户要求。

ZYT硬质聚氨酯保温板产品性能顺利通过了在中国建筑材料科学研究总院（国家建筑材料工业房建材料质量监督检验测试中心）进行的大型耐候性试验和聚氨酯建筑节能应用推广工作组组织进行的大型燃烧性试验，完全符合《国务院关于加强和改进消防工作的意见》（国发[2011]46号）和国家住房和城乡建设部《关于贯彻落实国务院关于加强和改进消防工作的意见的通知》（建科[2012]16号）的规定，为复合A级热固性外保温材料。荣获2012年建筑保温工程十大首选品牌。

北京中研联科科技发展有限公司

地址：北京市大兴区兴丰北大街新里西斯莱公馆

电话：18911972803

传真：67578200

适用范围

该系统可用于不同气候、不同建筑节能标准的混凝土或各种砌体材料的新建、改建或扩建的公用或民用建筑及既有建筑的节能改造，尤其适用于节能及防火要求较高的多层和高层建筑。

产品规格

1.标准尺寸：1200mm×600mm（可根据客户需求订做）

2.保温层厚度：20～100mm

技术指标

1. ZYT硬质聚氨酯外墙保温芯材主要性能参数

项目	要求
芯密度，kg/m^3≥	35
压缩强度，kPa≥	150
垂直于板面的拉伸强度，MPa≥	0.1且破坏位置不应位于粘结界面
平均温度23℃导热系数，W/(m·K)≤	0.024

续表

项目		要求
尺寸稳定性，%≤	70℃，48h	2.0
	−30℃，48h	1.5
吸水率，%≤		3
透湿系数，ng/(Pa·m·s)≤		6.5

2.ZYT硬质聚氨酯外墙保温板系统耐候性技术指标

项目	要求
耐候性	80次热/雨循环和5次热/冷循环后表面无裂纹、粉化、剥落现象
耐冻融性能	30次冻融循环后，保护层(抹面层、饰面层)无空鼓、脱落，无渗水裂缝；保护层(抹面层、饰面层)与保温层的拉伸粘结强度不小于0.1MPa，破坏部位应位于保温层
吸水量	水中浸泡1小时，只带有抹面层和带有饰面层的系统，吸水量均不得大于或等于1000g/m^2
抹面层不透水性	抹面层2h不透水
水蒸气湿流密度，g/(m^2·h)≥	0.85

工程案例

凤凰湖小区、北京地铁6号线车辆段、呼和浩特东方文苑、北京市自忠小学、北京东城区北池子小学、呼石化炼油厂商品住宅楼、北京海淀区西北旺镇辛店居住组团A地块定向安置房项目、金帝城小区、万达公寓楼、东悦风雅国际公寓、现代城高档社区、上都国际公寓、玉泉山公寓楼、北京门头沟质量技术监督局办公楼、北京西城区二龙路中学、北京西城区铁二中学、北京西城区二一四中学、北京市西城区银河小学、北京市外事学校等。

呼石化炼油厂商品住宅楼

北京市自忠小学

凤凰湖小区

生产企业

北京中研联科科技发展有限公司是集研发、生产、销售、施工、技术咨询服务为一体，专业从事研究和生产绿色环保、新型节能建筑材料的高科技企业，是与多家研发单位友好合作的伙伴，是国家《相变蓄能建筑材料》标准的支持单位。生产基地位于风景优美的密云十里堡工业园区，占地28亩，年单线生产能力达10万立方米，通过了国际ISO14001环境管理体系认证和ISO9001质量管理体系认证。

公司全体人员以“科技领先，质量取胜”为口号，奉守“产品的质量就是生命，用户的口碑就是裁判”的企业理念，秉承“以先进的生产技术，推动行业发展；以优质的服务，给予客户最大的支持”的企业宗旨，以“科学管理，技术创新、产品优质、客户满意”为质量方针，严守“以人为本，严谨求实、诚信守则、合力共赢”的经营原则，致力追求成为建筑节能、绿色环保材料行业的领跑者。公司的理想是保八方温暖，省万世资源，为全球提供更多环境友好型、利于社会可持续发展的产品。

XPS挤塑保温板

XPS JI SU BAO WEN BAN

特贝特XPS板材是一种硬质挤塑发泡聚苯乙烯保温隔热材料，是由聚苯乙烯添加其他助剂材料后，以一个压模挤压而成。挤压的过程使产品拥有连续均匀的表层及闭孔式蜂窝结构，这些蜂窝结构的壁有一致的厚度，完全不会出现缝隙。因此，挤压过程形成的均匀组织使该产品具有优越的保温隔热性能、良好的抗湿防潮性能和高抗压性能。有闭孔式蜂窝结构的XPS板材的制造技术还可实现不同密度的产品具有不同的抗压强度（150～500kPa），同时拥有同等低值的导热系数，以适应不同的工程要求。此外，生产过程中产生的废边角料经过造粒回收机回收可作为原料用于生产。

产品样品1

产品样品2

芜湖特贝特材料科技有限公司

地址：安徽芜湖经济技术开发区长江北路广大工业园二期一号厂房1幢

电话：0553-5961880

传真：0553-5961868

适用范围

适用于房顶屋面的隔热保温层、内外墙隔热保温层、地面防湿保温层室内和装潢、广告板等。

产品规格

泡孔密度：106～108个/m^3

制品密度：30～36 kg/ m^3

抗压强度：150～700 kPa

技术指标

按GB/T 10801.2《绝热用挤塑聚苯乙烯泡沫塑料》执行，具体如下（以X250为例）：

项目	单位	技术指标
压缩强度	kPa	248
吸水率（浸水96h）	%	0.9
透湿系数（23℃，RH50%）	ng/(m·s·Pa)	1.7
热阻（25mm厚，25℃）	(m^2·K)/W	0.89

施工构造

XPS板外墙外保温系统图示：

生产线拼图1

生产线拼图2

工程案例

北京市昌平区回龙观农村安置房项目、北京市顺义清水苑项目、北京市顺鑫农业、北京静安里高层住宅外墙改造工程、内蒙古东胜体育馆、北京奥特莱斯芭蕾雨悦都屋面项目、廊坊大学城、辽宁中美天元高层住宅、北京盘古大厦市政路、北京四季香山别墅、天津恒大绿洲项目、合肥碧桂园项目等。

中粮城市广场

无锡凯宾斯基酒店

生产企业

芜湖特贝特材料科技有限公司目前主要从事聚合物发泡材料的研发、生产和销售及相关的技术输出和技术服务。公司从德国引进了具有国际上先进的XPS挤塑绝热保温板生产线，采用美国制造的世界先进的计算机控制数字系统，拥有年产15万立方米建筑保温板材的生产能力，实力雄厚。公司地理位置优越，位于芜湖经济技术开发区广大工业园，同时在廊坊经济开发区设有分厂，产品可以同时覆盖北方和南方地区。

聚氨酯复合板

JU AN ZHI FU HE BAN

华纳聚氨酯复合保温板经国家建筑材料质量监督检验中心对其检验，各项指标均符合规定要求，按GB 8624-1997判定，燃烧性能达到GB 8624 A级（复合夹芯材料）。经国家建筑材料质量监督检验中心对产品芯材表观密度、导热系数、吸水率、弯曲变形、吸水率、尺寸稳定性检验，结果符合Q/HBHN01-2013《聚氨酯复合保温板》要求。经建筑材料工业干混砂浆产品质量监督检验测试中心对复合板尺寸允许偏差、表观密度、抗拉强度的检验，结果符合Q/HBHN01《聚氨酯复合保温板》。耐候性检验结果符合JGJ 144《外墙外保温技术规程》。经用户使用，反映良好。

聚氨酯板图片 1

聚氨酯板图片 2

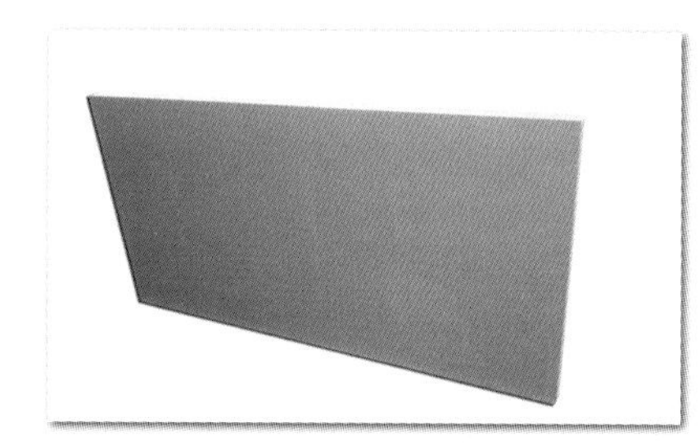

聚氨酯板图片 3

河北华纳新型建材有限公司

地址：河北省大城县权村镇金地开发区099号

电话：0316-3281666

传真：0316-3281111

适用范围

广泛应用于大型工业厂房、冷库、车库、展馆、体育馆、购物中心、机场、电厂、别墅、医院、地层及高层办公楼等领域，由于极佳的保温性能更多地应用于工业与民用建筑的屋面和墙面。

产品规格

华纳聚氨酯复合板产品常规规格为1200×600，并可根据客户要求及施工地区特点定制从15～150mm不同厚度的板材。

技术指标

华纳聚氨酯复合板产品执行Q/HBHN01《聚氨酯复合保温板》。根据GB 8624判定，华纳聚氨酯复合板的燃烧性能达到GB 8624 A级（复合夹芯材料）标准，具体如下：

序号	检验项目	标准指标	检验值
1	燃烧剩余长度最小值，mm	≥200	630
2	燃烧剩余长度平均值，mm	≥350	660
3	平均烟气温度，℃	≤125	80
4	烟密度等级	≤15	0
5	热值，MJ/kg	≤4.2	2.0
6	热释放量，MJ/m^2	≤16.8	3.9
7	密度，kg/m^3	≥32	38
8	导热系数，W/(m · K)	≤0.024	0.021(平均温度：25℃)
9	吸水率（体积分数），%	≤3	2.4
10	弯曲变形，mm	≥6.5	10.8
11	尺寸稳定性，%（70℃，48h）	≤1	0.9
12	耐候性	不得出现饰面层起泡或剥落、保护层空鼓或脱落等破坏，无渗水裂缝；抹面层与保温层的拉伸粘接强度不得小于0.1 MPa，并且破坏部位应位于保温层内	未出现饰面层起泡或剥落、保护层空鼓或脱落等破坏，无渗水裂缝；抹面层与保温层的拉伸粘接强度为0.11 MPa，保温层破坏
		≥0.1 MPa，破坏部位位于保温层	0.15MPa，保温层破坏
13	吸水率，%	1.7	1.5
14	氧指数，%	28	29

工程案例

包头中铁诺德龙湾住宅小区项目、北京老旧小区改造工程东城马坡小区项目、北京台铭国际企业花园项目、北京航天城科研所、北京国电新能源研究所。

包头中铁诺德龙湾住宅小区

北京台铭国际企业花园

生产企业

河北华纳新型建材有限公司，位于著名的“中国绿色保温建材之都”——河北省大城县权村金地工业园区，是一家集研发、生产、销售为一体的专业化大型保温材料企业，公司创立于1999年，原名为全振铝箔制品有限公司，2008年正式更名为河北华纳新型建材有限公司（注册资金3060万）。十多年的积累和发展，使公司生产规模逐步扩大，技术力量不断雄厚，现已成为集生产聚氨酯保温系统、改性酚醛保温系统、玻璃棉制品、铝箔制品于一体的现代化企业。

公司产品全部通过“ISO9001国际质量管理体系认证”并严格按照相关标准，十年如一日，科学、持续地实施全过程质量控制;公司领先的技术、稳定可靠的质量、良好的信誉、完善的售后服务赢得了广大客户的信赖与支持，被河北省工商局评为“重合同，守信誉”企业。

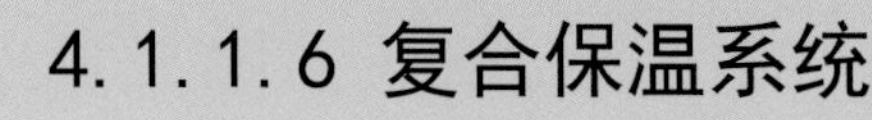

JINSHUYAHUAMIANFUHEBAOWENBAN

奇佳联合金属压花面复合保温板简称佳合板（代号JH），是由外表面的金属压花板和保温绝热材料复合（或浇注发泡）而成。佳合板外层采用铝合金板、镀铝锌钢板等金属面板，根据需要表面涂装不同颜色的特种涂料，经特定的设备轧制成不同样式的花纹，或再经过二次涂装，涂装成多种色彩，形成如：砖纹、弹涂纹、水波纹、木纹、砾石、细石、理石等纹样及色彩，满足建筑造型和色彩的外观要求，达到一定的艺术效果。佳合板保温绝热材料采用挤出聚苯乙烯、聚氨酯、酚醛泡沫塑料等多种材料。

佳合板吸收了国内外现代墙体材料的多处优点，集保温、隔热、装饰、环保、耐候、防雨、防冻、隔音、抗震、质量轻等多功能于一体的预制板材，佳合板生产采用工厂机械化流水作业，质量稳定。

北京奇佳联合新型建材有限公司

地址：北京市通州区潞城镇武兴路5号

电话：400-6565751,010-61525656,61525767

传真：010-61521523

适用范围

适用于严寒地区、寒冷地区、夏热冬冷、夏热冬暖等所有地区，可用于民用建筑、公用建筑墙体保温、装饰，既有建筑的保温节能改造，也可用于室内装饰装修等.

产品规格

1.长度:定尺生产

2.宽度:370/380/383/420/450/470/483mm

3.厚度:10/16/30～100mm

技术指标

按企业标准：Q/TXQJL0001-2012执行，具体如下：

1.导热系数：XPS 板0.029W/(m · K) ；PU板0.023W/(m · K)

2.粘结强度：XPS 板0.23MPa；PU板0.17MPa

3.抗冲击性：10J级，无断裂

4.抗风荷载性能：6.7kPa,未破坏

5.导热系数、燃烧性能、粘结强度、抗冲击性符合Q/TXQJL0001金属压花面复合板标准要求

工程案例

1.北京博格华纳厂房
2.北京钓鱼台总参办公楼
3.北京和玺木业展销厅
4.北京快速公交站厅
5.北京鲁谷医院
6.北京市社区卫生服务中心
7.北京市通州区金三角商业城管理委员会
8.北京外交部公寓改造
9.四川都江堰震后新建房
10.河北曲周中医院
11.河北唐山市工人医院
12.黑龙江哈尔滨地税局
13.辽宁丹东怡家商务宾馆
14.南宁市海洋局
15.山东滨州腾达大酒店
16.山东滨州万鑫时代新城
17.山东省腾州市颐和园
18.山东省邹平县东景村住宅楼
19.新疆奎屯金泽宏富泉大酒店
20.新疆乌鲁木齐眼耳鼻喉专科医院
21.北京联合大学

北京市社区卫生服务中心

北京钓鱼台总参办公楼

山东滨州万鑫时代新城

生产企业

北京奇佳联合新型建材有限公司是佳合企业之一，是集金属压花面复合保温板等保温装饰一体化板材的研发、生产、科技孵化及设备制造于一体的综合性大型民营企业；在北京市通州区潞城工业区拥有10万平方米的生产和展示基地——佳合产业基地。

公司已通过ISO9001：2008质量管理体系认证。产品“佳合板”已通过建设部科技成果评估，认定为达到“国际先进水平”；荣获中国第三届“精瑞住宅新技术优秀奖”；被列入中国墙体保温行业“十大创新品牌”；被选入《建设业“十一五”技术公告技术与产品选用手册》和“国家康居示范工程选用部品与产品”；通过住建部“关于村镇宜居型住宅技术和既有建筑节能改造技术评审”；被列为北京市建设领域百家科技创新成果推广项目；通过欧盟CE认证。产品参编国家建筑标准《钢结构住宅（一）》《钢结构住宅（二）》设计图集，华北西北标办88JZ33（专项技术图集）及88J多本图集，四川省工程标准设计图集（DBJT20-65），北京市地方标准（DB11/T697）。

膨胀聚苯板薄抹灰外墙外保温系统

PENG ZHANG JU BEN BAN
BO MO HUI WAI QIANG WAI BAO WEN XI TONG

置于建筑物外墙外侧的保温及饰面系统，由聚苯板、胶粘剂（必要时使用锚栓）、防护层砂浆和耐碱玻纤网（或后热镀锌电焊网）及饰面层等构成，适用于安装在外墙外表面的非承重保温构造的总称。

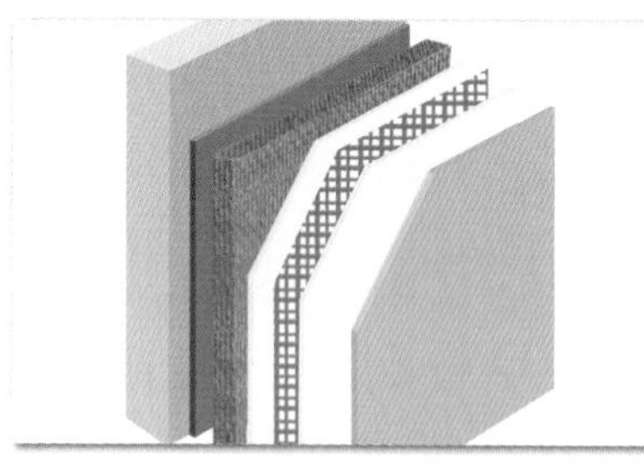

岩棉

无水泥基

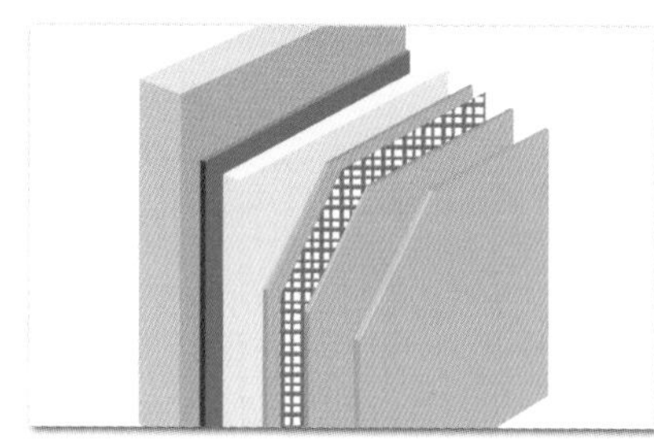

水泥基

山东秦恒科技有限公司

地址：山东省东营市广饶经济技术开发区

电话：0532-55576762

传真：0532-55576763

适用范围

公用和民用建筑外墙外保温。

产品规格

根据项目的建筑节能设计相关规格进行生产。

技术指标

按JG 149《膨胀聚苯板薄抹灰外墙外保温系统》标准执行，具体如下：

试验项目		性能指标
吸水量，g/m^2，浸水24h		≤500
抗冲击性，J	普通型（P型）	≥3.0
	加强型（Q型）	≥10.0
抗风压值，kPa		不小于工程项目的风载荷设计值
耐冻融		表面无裂缝、空鼓、鼓泡、剥离现象

续表

试验项目	性能指标
水蒸气湿流密度，g/（m^2·h）	≥0.85
不透水性	试样防护层内侧无水渗透
耐候性	表面无裂缝、粉化、剥落现象

施工安装

1.建筑物高度在20m以上时，在受负风压作用较大的部位宜使用锚栓辅助固定。

2.EPS板宽度不宜大于1200mm，高度不宜大于600mm，必要时应设置抗裂分隔缝。

3.EPS板薄抹灰系统的基层表面应清洁，无油污、脱模剂等妨碍粘结的附着物。凸起、空鼓和疏松部位应剔除并找平。找平层应与墙体粘结牢固，不得有脱层、空鼓、裂缝，面层不得有粉化、起皮、爆灰等现象。

4.做基层与胶粘剂的拉伸粘结强度检验，粘结强度不应低于0.3MPa，并且粘结界面脱开面积不应大于50%。

5.粘贴EPS板时，应将胶粘剂涂在EPS板背面，涂胶粘剂面积不得小于EPS板面积的40%。

6.EPS板应按顺砌方式粘贴，竖缝应逐行错缝。EPS板应粘贴牢固，不得有松动和空鼓。

7.墙角处EPS板应交错互锁。门窗洞口四角处EPS板不得拼接，应采用整块EPS板切割成形，EPS板接缝应离开角部至少200mm。

8.应做好系统在檐口、勒脚处的包边处理。装饰缝、门窗四角和阴阳角等处应做好局部加强网施工。变形缝处应做好防水和保温构造处理。

工程案例

青岛万科城、万科假日风景、海信·温泉王朝、潍坊丹桂里、海信麦岛金岸等。

万科城

中建大观天下

西西安小镇

生产企业

山东秦恒科技有限公司（以下简称“山东秦恒”）成立于2004年，山东省高新技术企业，山东省建设科技协会墙材革新与建筑节能专业委员会副主任委员单位。

生产基地位于东营市广饶经济开发区，建有干粉砂浆、EPS板、饰面材料、柔性面砖四个生产车间及原材料成品库、实验室、样板室、调色室等，其中干粉砂浆生产线为行业内先进的全自动化生产设备，年产能可以达到20万吨；膨胀聚苯板生产线拥有行业内先进的间歇式预发泡机和真空板材成型机，年生产能力可以达到36万立方米；饰面材料生产线具备年产1.5万吨的能力。

山东秦恒建有专门的实验室，实验设备齐全，可对原材料和产成品进行全过程监控。山东秦恒于2006年通过ISO9001质量管理体系认证，2011年通过了ISO14001环境管理体系认证，严格的质量管理体系和完善的检测条件保证了秦恒产品的优良品质。

山东秦恒至今已经完成外墙保温系统施工面积2000多万平方米，特别是历年来与万科、龙湖地产、海尔、海信等知名开发商的成功合作，已成为山东省举足轻重的外墙保温企业。

聚氨酯夹芯板是以聚氨酯泡沫为芯材，以镀锌或镀铝锌彩钢板为饰面，二者形成相互作用复合而成的绿色环保、新型节能板材。

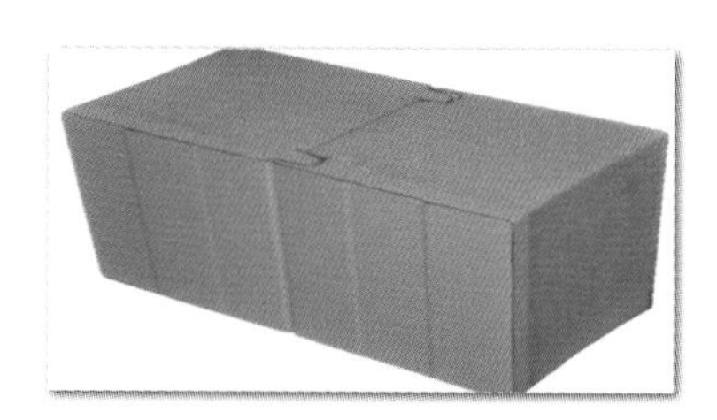
聚氨酯冷库板

常州晶雪冷冻设备有限公司

地址：江苏武进经济开发区丰泽路18号

电话：0519-88061300

传真：0519-88061300

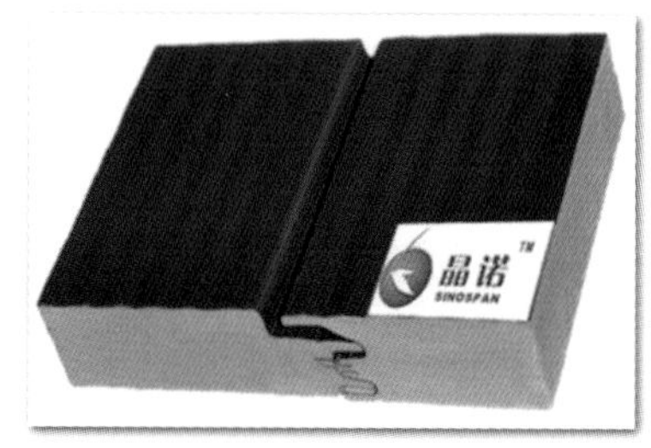

聚氨酯复合板

适用范围

冷链物流、超市、食品加工、生物医药、餐饮酒店、机场仓储、科研院校、工业厂房和建筑外墙等建筑领域;适用于住宅、工业、公共建筑等的墙体和屋面。

产品规格

75/100/150/180 mm厚为单槽；200mm有单、双槽两种供选择。板材宽900～1120 mm以供选择。

技术指标

按标准JBT 206527《组合冷库用隔热夹芯板》、GB 8624《建筑材料及制品燃烧性能分级》执行，具体如下：

库板厚度(mm)	库内外温差(°C)	库板高度(Max)(m*)	顶板长度(Max)(m**)	适用冷库温度(°C)
75	40	4.5	3.8	-5～25
100	50	5.0	4.5	-15～25
150	70	6.0	6.5	-25～25
180	80	6.5	7.1	-35～25
200	90	7.0	7.6	-50～25

m*：在内外压差和收缩应力下，无风载情况。超出长度或有风载则需设置钢墙梁。

m**：在内外压差和收缩应力下，无风载情况。超出长度或有风载则需设置钢吊梁。

以上数据根据单位面积热流量8～10W/m^2来计。

施工安装

根据设计图纸放线定位，做出准确清晰的标志。从库体角部开始安装墙体库板。安装每一块墙板时，公、母槽结合面上均匀打胶。顶库板安装宜与墙板安装交替进行。大跨度的顶库板安装时，如果库内已安装支撑钢梁，应在安装每一块库板时将顶库板与支撑梁用拉铆钉固定；如果是采用吊点式的，应在顶库板安装施工前完成吊挂钩的安装施工工作，保证在顶库板安装时能够同时安装各吊点。顶库板与顶库板的端头的对接缝要进行处理，以防止漏气、跑冷。顶库板或墙体需要开洞打孔时，首先应根据图纸设计要求进行内外放线定位，复核无误后开洞打孔。开洞打孔后及时进行施工处理，孔口用发泡料或密封胶封闭以防止漏气、跑冷。

工程案例

上海太古项目、河南福喜项目等。

河南福喜项目1

河南福喜项目 2

上海太古项目

生产企业

常州晶雪冷冻设备有限公司位于常州市武进经发区丰泽路18号，是国内领先的冷藏库库体和节能厂房围护整体解决方案供应商，也是国内规模居前的节能保温板材生产厂家。经过20多年的发展，公司已经拥有两条国际先进的板材连续生产线，建成了两个生产基地和遍布全国的销售网络，形成了140万平方米各类节能板材、10000扇冷库门和工业门及5000个升降平台的年生产能力，能够为客户提供节能保温围护系统的设计、生产、安装和维护的全方位服务，从而可以优质高效地完成客户订单，一站式地满足不同客户的个性化围护系统建设需求。

晶雪公司生产的“晶雪”“晶诺”品牌的各类PU、PIR、岩棉新型节能板材、“晶道”品牌的各类冷冻冷藏库门、工业门和升降平台，广泛应用于冷链物流、超市、食品加工、生物医药、餐饮酒店、机场仓储、科研院校、工业厂房和建筑外墙等领域，具有较高的市场占有率。公司积累了大量的中高端客户，拥有良好的口碑，并成为众多世界500强和中国500强企业在节能保温围护系统建设中的佳选。今年，公司的各类节能保温板材产品通过了美国FM认证，晶雪成为国内节能板材领域里通过该认证品种规格较多的企业，这将有助于本公司进一步拓展国际市场。

晶雪公司的发展得到了当地政府的大力支持及肯定，并获得了常州市武进区“2011年度工业先进企业”“2011年度高成长型工业企业”“2011年度创新投入先进企业”等荣誉称号。

金属岩棉复合板

JIN SHU YAN MIAN FU HE BAN

金属面岩棉复合板，是一种以高强度岩棉为芯材的高质量复合板，是以专利不燃性高强度岩棉为芯材，以镀锌或镀铝锌彩钢板为饰面，二者形成相互作用复合而成的绿色环保、新型节能板材。

常州晶雪冷冻设备有限公司

地址：江苏武进经济开发区丰泽路18号

电话：0519–88061300

传真：0519–88061300

岩棉建筑板

适用范围

冷链物流、超市、食品加工、生物医药、餐饮酒店、机场仓储、科研院校、工业厂房的建筑保温和装饰等建筑领域；适用于住宅、工业、公共建筑等的墙体和屋面。

产品规格

岩棉有缝外墙板（mm）：

1.适合外墙横装，板缝选择：15、20、50、100、150；

(2) 板厚选择：50/60/75/80/100；

(3) 板宽：800/900/1000。

2.岩棉无缝外墙板（mm）：

(1) 适合外墙横装或竖装，板缝:2；

(2) 板厚选择：50/60/75/80/100；

(3) 板宽：800/900/1000 。

3.岩棉内隔墙板/吊顶板（mm）：

(1) 适合室内隔断和吊顶；

(2) 板厚选择：40/50/80/100/120/150/175/200；

(3) 板宽：1000/1130。

4.岩棉屋面板（mm）：

(1) 适合屋面使用；

(2) 板厚选择：50/75/100；

(3) 板宽：1000。

技术指标

按JBT 206527 组合冷库用隔热夹芯板、GBT 23932建筑用金属面绝热夹芯板、GB 8624 建筑材料及制品燃烧性能分级标准执行。

施工安装

根据设计图纸放线定位。从建筑角部开始安装墙体夹芯板。安装每一块夹芯板时，均要求保证板材拼接位置的水密性和气密性。顶板安装宜与墙板安装交替进行。为了保证施工以及建筑整体的运行使用安全，板材的固定支撑点的间距及固定龙骨规格的选择应满足设计规范的要求。作为一个整体性围护系统，应处理好墙板和顶板交接位置的连接节点，保证建筑整体的水密性和气密性。屋面板或墙体需要开洞打孔时，首先应根据图纸设计和现场实际要求进行内外放线定位，复核无误后开洞打孔。开洞打孔后及时进行施工处理，孔口用发泡料或密封胶封闭以防止漏气、跑冷。

工程案例

上海太古项目、河南福喜项目。

河南福喜项目1

河南福喜项目2

生产企业

常州晶雪冷冻设备有限公司位于常州市武进经发区丰泽路18号，是国内领先的冷藏库库体和节能厂房围护整体解决方案供应商，也是国内规模居前的节能保温板材生产厂家。经过20多年的发展，公司已经拥有两条国际先进的板材连续生产线，建成了两个生产基地和遍布全国的销售网络，形成了140万平方米各类节能板材、10000扇冷库门和工业门及5000个升降平台的年生产能力，能够为客户提供节能保温围护系统的设计、生产、安装和维护的全方位服务，从而可以优质高效地完成客户订单，一站式地满足不同客户的个性化围护系统建设需求。

晶雪公司生产的“晶雪”“晶诺”品牌的各类PU、PIR、岩棉新型节能板材、“晶道”品牌的各类冷冻冷藏库门、工业门和升降平台，广泛的应用于冷链物流、超市、食品加工、生物医药、餐饮酒店、机场仓储、科研院校、工业厂房和建筑外墙等领域，具有较高的市场占有率。公司积累了大量的中高端客户，拥有良好的口碑，并成为众多世界500强和中国500强企业在节能保温围护系统建设中的佳选。今年，公司的各类节能保温板材产品通过了美国FM认证，晶雪成为国内节能板材领域里通过该认证品种规格较多的企业，这将有助于本公司进一步拓展国际市场。

晶雪公司的发展得到了当地政府的大力支持及肯定，并获得了常州市武进区“2011年度工业先进企业”“2011年度高成长型工业企业”“2011年度创新投入先进企业”等荣誉称号”。

图码保温装饰一体板的面板是采用数码技术与当代制图完美结合的工艺，在经过表面清洁处理的金属板材上连续或局部涂覆6色以上的涂料或油墨，从而形成色泽靓丽、质感逼真、层次丰富、个性化强、耐候性好的图案，并在其表面进行罩光或覆膜等保护处理后最终形成的多功能绿色板材。

图码保温装饰一体板的芯材有聚苯乙烯板、硬质聚氨酯板、聚异氰脲酸酯板、岩棉及矿渣棉板、玻璃棉板、酚醛泡沫板。

脚码式保温装饰一体板

辽宁超烁图码科技板业有限公司

地址：辽宁营口西市区科园路25号

电话：0417-3351855

传真：0417-3351853

适用范围

可替代传统材料作建筑幕墙，可替代石材等用于建筑装饰以节约资源，可实现墙体的装饰保温一体化。

产品规格

长度：600mm、800mm、1000mm、1200mm；

宽度：400mm、600mm、800mm。

技术指标

按JG/T 360及GB/T 23932标准执行，具体如下：

（1）粘结强度(单位：MPa)

类别	聚苯乙烯板		硬质聚氨酯、聚异氰脲酸酯板	岩棉、矿渣棉板	玻璃棉板	酚醛板
	EPS	XPS				
粘结强度≥	0.10	0.10	0.10	0.06	0.03	0.10

（2）保温性能(传热系数)

名称	标称厚度	传热系数 U [W/(m^2 · K)]≤	
聚苯乙烯夹芯板	EPS	50	0.65
		75	0.45
		100	0.34
		150	0.23
		200	0.17
	XPS	50	0.60
		75	0.42
		100	0.31
硬质聚氨酯板	PU	50	0.43
		75	0.29
		100	0.22
聚异氰脲酸酯	PIR	50	0.39
		75	0.26
		100	0.20
岩棉、矿渣棉	RW/SW	50	0.81
		80	0.53
		100	0.44
		120	0.36
		150	0.29
玻璃棉板	GW	50	0.86
		80	0.56
		100	0.46
		120	0.39
		150	0.31
酚醛泡沫	PF	50	0.60
		75	0.40
		100	0.31
注：其他规格可由供需双方商定，其传热系数指标按标称厚度以内差法确定。			

工程案例

营口市成福里小区改造工程、营口市站前公安局门楼装饰工程、营口市三楼里社区居委会外墙保温装饰工程、兰州中铁办公大楼装饰工程、哈尔滨利民小学教学楼建设工程、营口市通惠门市场外围装饰工程。

生产企业

辽宁超烁图码科技板业有限公司是一家专业致力于生产高端、环保室内外建材的企业，主营图码板及其制品。公司成立于2012年，位于辽宁（营口）沿海产业基地内，注册资本5000万元。沿海产业基地是东北老工业基地五点一线的经济发展中心地带，是辽宁沿海经济带及沈阳经济区两大战略的叠加区域，是沈阳经济区的出海通道，具有其他城市和地区无可比拟的优势。这里海运畅通，一市两港，东北铁路主干线贯纵全境，哈大公路、沈大高速公路、哈大高铁纵贯南北，交通运输十分便利。

公司以“用创新引领行业，用科技改变生活”作为企业使命，“创新技术为立业之本，以技术创新为可持续发展之源”为发展宗旨，技术研发实力雄厚。公司一期项目已建成投产，二期项目占地300亩，建筑面积12万平方米，总投资5亿元，2014年5月建成投产。投产后将形成年产图码板2500万平方米，金属幕墙、室外保温装饰、室内装饰及吊顶等图码板制品1400万平方米，套装门30万樘的建设规模。公司所有的工厂设计均采用新颖和富有现代气息的思路进行设计，简洁明快、布局合理并注重生态环境，是一座现代化、花园式的工厂。

保温装饰一体化成品板系统

BAO WEN ZHUANG SHI YI TI HUA CHENG PIN BAN XI TONG

鳄鱼尼卡保温装饰一体化成品板系统是鳄鱼公司在长期开发各种功能型涂料和外墙外保温技术的基础上自主研发的一种工厂化加工，现场安装，且集保温、装饰于一体的新型保温隔热系统。该系统以高性能的鳄鱼"涂料王"氟碳漆、鼎彩石仿石漆或高性能的其他涂料为装饰层，涂装在性能优异的金属板或无机板基材上，在工厂内与保温材料进行加工复合，现场采用独特扣件进行直接安装，为建筑物外墙创造了连续的包覆层结构，赋予墙体较高的热阻值，节能性能优秀。同时装饰面层和保温层的选择面广，根据需要可以满足各类不同的保温装饰及安全要求，赋予了建筑物丰富的饰面层设计。

鳄鱼制漆（上海）有限公司

地址：上海沪青平公路3966号

电话：0553-5961880

传真：0553-5961868

适用范围

产品适用于各种新建建筑和改扩建工程。

性能指标

按Q/SMIE60《鳄鱼尼卡保温装饰一体化成品板系统》和《鳄鱼尼卡保温装饰一体化成品板系统——设计和组织施工及验收应用图集》执行，具体如下：

项目		技术指标	
		金属面板	无机面板
抗风压值		10.0kPa未破坏	10.0kPa未破坏
吸水量		7g/m^2	93g/m^2
抗冲击强度		10J冲击未破坏	10J冲击未破坏
耐候性	外观	系统未出现开裂、空鼓或脱落现象	系统未出现开裂、空鼓或脱落现象
	抗拉强度	0.27MPa	0.27MPa
耐冻融	外观	表面无裂纹、空鼓、起泡、剥离现象	表面无裂纹、空鼓、起泡、剥离现象
	粘结强度	0.25MPa	0.26MPa
不透水性	试样防护层内侧无水渗透	试样防护层内侧无水渗透	

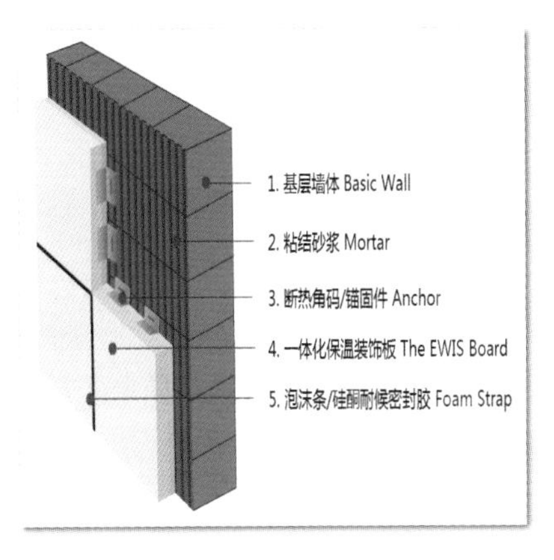

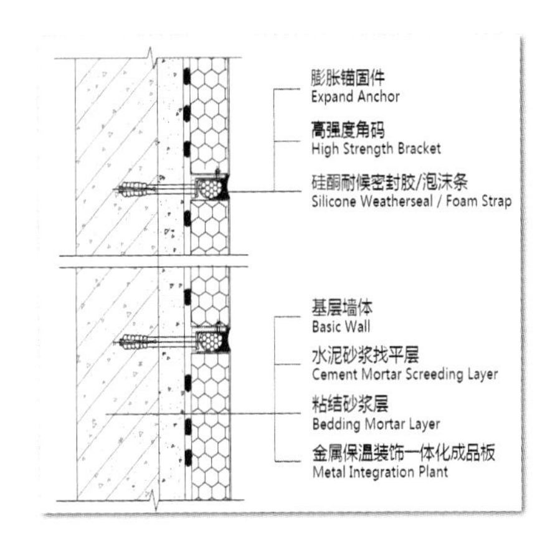

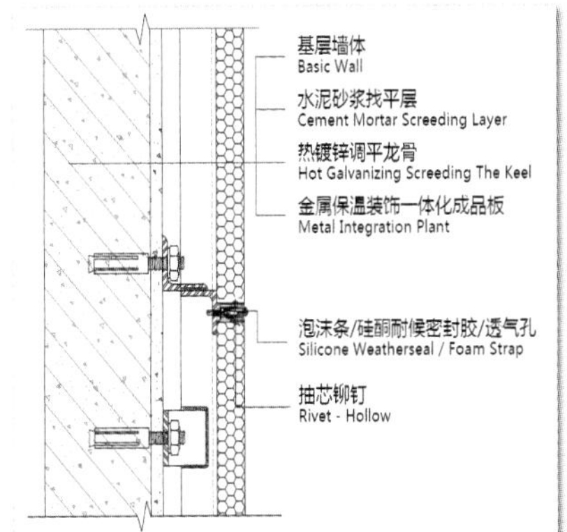

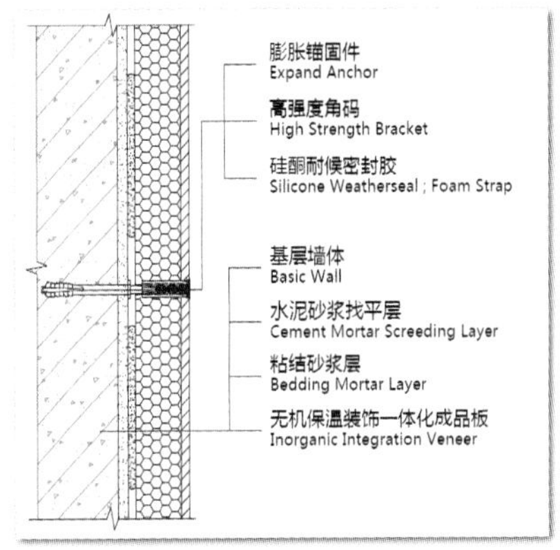

工程案例

上海虹桥鹏欣集团办公别墅群、盐城2009山庄、上海虹桥宾馆、沈阳铁路局职工住宅宿舍、广州中国南方电网、合肥恒生阳光城、天津泰达时尚休闲广场、沈阳立信医院、唐山明正会计师事务所等。

上海虹桥鹏欣集团办公别墅群1

上海虹桥鹏欣集团办公别墅群2

盐城2009山庄近景

生产企业

鳄鱼制漆（上海）有限公司创建于1997年，由德国鳄鱼涂料公司、上海申真企业发展有限公司和德国远东投资公司共同投资组建而成，是集研发、生产和销售建筑装饰涂料于一体的现代化高新技术企业。公司产品技术先进，品种齐全，销售网络遍布全国，“鳄鱼”品牌在中国消费者中享有很高的知名度并获得众多国家和行业协会颁布的荣誉证书，企业综合实力在中国涂料行业中处于领先地位。

4.1.2 门窗材料
4.1.2.1 节能玻璃

真空玻璃是指将两片平板玻璃以支撑物隔开，周边密封，在玻璃间形成真空层的玻璃制品。组成真空玻璃的原片可以为普通玻璃，半钢化玻璃或者钢化玻璃。

在两片玻璃之间的真空层间隙为0.1～0.2mm，此空间通过抽真空，达到小于10～2Pa的真空度，形成真空层。真空玻璃的两片一般至少有一片是低辐射玻璃，这样就将通过真空玻璃的传导、对流和辐射方式散失的热降到最低，其工作原理与玻璃保温瓶的保温隔热原理相同。真空玻璃是玻璃工艺与材料科学、真空技术、物理测量技术、工业自动化及建筑科学等多种学科、多种技术、多种工艺协作配合的硕果。

北京新立基真空玻璃技术有限公司

地址：北京市经济技术开发区兴海三街7号

电话：010-52049292-331

传真：010-52049234

适用范围

真空玻璃广泛应用于建筑业的门窗、幕墙和对隔热保温、隔声、防结露有特殊要求的建筑；还适用于轻工业行业，如低温冷柜、太阳能集热器；农业设施，如温室；交通运输业，如船舶、火车以及需要透明、隔热、隔声、节能的其他领域。

产品规格

常规产品：

玻璃原片厚度：门窗以4mm和5mm原片玻璃为主，幕墙、采光顶、隔声窗以5mm和6mm玻璃为主，冷柜以3mm和4mm玻璃为主。

最大尺寸：2800×1800

最小尺寸：400×400

技术指标

按真空玻璃执行行业标准《真空玻璃》(JC/T 1079)执行，具体如下：

真空玻璃光学与热工参数

玻璃类型	可见光（%）		太阳辐射（%）				传热系数K
外　　内	透射比 T_{vis}	反射比 P_{vis}	透射比 T_e	反射比 P_e	遮阳系数 S_e	得热系数 SHGC	$W/(m^2 \cdot K)$
TL5+V+TL5	69.1	18.9	46.3	15.9	0.69	0.60	0.586

注：表中数据由Window7软件计算，按照《JGJ 151—2008建筑门窗玻璃幕墙热工计算规程》边界条件取值，U值取冬季边界条件，Sc取夏季边界条件。

测试值：$K=0.57\ W/(m^2 \cdot K)$

工程案例

郑州图书馆、长沙滨江文化园、河北省住建厅办公楼、北京中关村展示中心、北京长河湾碧河花园高档住宅、北京天恒大厦、海东滩湿地公园、北京奥运绿色微能耗幼儿园等。

生产企业

新立基是专业从事真空玻璃技术与产品的研发、生产和销售的一条龙企业，在中国较早实现了真空玻璃工业化生产，历经十余年发展成为中国真空玻璃产业化龙头企业，在业界享有很高的地位和知名度。

科学技术是第一生产力，是企业发展前进的动力。新立基将技术创新与产业升级视为企业生命力。新立基主持和参与了多项国家级和省部级科技计划项目，如建设部科技计划项目“真空玻璃生产技术与关键设备开发及其应用”和国家十二五科技支撑项目“真空玻璃规模化生产关键技术研究”等多项课题。

新立基投资近5亿元建成年产90万m^2真空玻璃生产线和企业研发中心，秉承“诚信、创新”的经营理念，以节能环保、科技创新为己任，致力于社会、企业和员工的共同发展。我们坚信，在公司董事会的正确领导和全体员工的共同努力下，新立基公司将成为世界真空玻璃产业的中心，为不断满足社会对节能环保产品的需求，实现企业的社会价值而努力。

4.1.2.2 门窗

铝塑 钢塑共挤型材及门窗

LVSUGANGSUGONGJIXINGCAIJIMENCHUANG

钢（铝）塑共挤型材生产技术是一种具有国际领先水平的塑料型材生产技术，它是将加热后的钢（铝）衬经过特殊设计的模具后与配好的PVC树脂混合料，在一定的温度与压力下在钢（铝）衬表面包覆上一层泡孔均匀、密度合适的微发泡塑料，一次性挤出成型的。型材由外到内依次为：硬质结皮层、微发泡塑料层、热熔胶层、钢（铝）衬。型材表面0.5mm厚的结皮层均匀地覆盖在发泡塑料的表面，结皮层的硬度能达到邵氏80度，这样就能保证了型材表面的硬度和光滑度，提高了型材的耐候性，约4mm后的微发泡层大大提高了型材的保温性能和隔声效果，不同材料的导热系数不同，硬质PVC的导热系数比发泡PVC高2.5倍，所以与普通的塑料型材相比共挤型材具有优异的保温效果，发泡塑料层特殊的蜂窝状结构同时又具有良好的隔声性能。共挤型材的问世不仅继承了铝合金硬度高、塑钢窗保温性好的优点，同时弥补了铝合金不保温和塑钢的钢性低、抗风压性能低的不足，使我国塑料门窗的制造技术有了质的飞跃。用共挤型材组装的门窗不易下垂、扭曲、老化，更适宜现在的特高层建筑，弥补了其他门窗型材带来的风险系数，大大提高了建筑工程的质量。

山东正一新型建材有限公司

地址：东营市胜利工业园管委会（13号）路以东

电话：0546-8151088

传真：0546-8151155

适用范围

40系列可配置固定纱、隐形纱等多种形式纱窗。

50系列可配置推拉纱、固定纱、隐形纱等多种形式纱窗。

60系列门窗的抗风压性能可达一级，使其更适合上高层建筑。

技术指标

项目及技术指标	测试结果	
抗风压性能	2.36	
气密性能	单位缝长空气渗透量$q1$[m³,(m · h)]	0.62
	单位面积空气渗透量$q2$[m³,(m · h)]	0.98
水密性能Δp,Pa	250	
保温性能K，[W/(m² · h)]	2.5	
空气声隔声性能R_w+C_u, dB	32	
中空玻璃露点	无结露、结霜	

工程案例

南京佳地花园小区、石家庄顺通花园、青岛海昌欣城、大同牡丹园小区、沧州仁和盛庭、陕西榆林巨丰花园小区、包头华景新城、太原华实小区、潍坊丽华苑、太原阳光花园、江苏省徐州市人民检察院、徐州市技术监督局。

徐州市人民检察院

邹平开发区管委会住宅楼

邹平开发区管委会住宅楼

青岛水岸华庭

生产企业

山东正一新型建材有限公司位于胜利油田腹地山东东营胜利工业园区，地理位置优越，交通十分便利。公司占地63.152亩，注册资金5000万元。公司营业范围包括：钢塑共挤型材、铝塑共挤型材、木塑共挤型材生产、销售；电缆桥架生产、销售；节能保温门窗、防水防腐工程、园林绿化工程、市政配套工程、玻璃幕墙的设计及施工；废旧塑料加工再利用、中空玻璃深加工、氟碳喷涂等。公司是山东省认定的跨行业、综合性高新技术企业。公司始建于2008年，是目前国内规模大、产品新、设备先进、质量优、节能环保的钢塑、铝塑共挤微发泡型材及钢塑、铝塑共挤门窗专业生产厂家，公司现有共挤型材生产线10条，非共挤型材生产线5条，钢衬轧制生产线3条，年生产钢塑共挤型材3万吨，铝塑共挤型材1万吨，年加工钢塑、铝塑共挤门窗40万平方米。

山东正一新型建材有限公司引进了具有世界先进水平的结皮微发泡钢（铝）塑共挤技术，实现了钢（铝）塑一体化。生产的型材、门窗较传统门窗有高强度、气密、水密、节能时尚等无可比拟的优点。“钢塑共挤”专业技术代表了国际塑窗技术的发展方向和趋势，被国家经贸委列为“国家技术创新项目”，得到了政府的支持和房地产商的青睐。

多元化的产品结构，个性化的产品设计，卓越的节能环保优势，严格的质量保证体系，使公司赢的了广大用户的青睐。公司先后获得了2010年度东营市重合同、守信用企业、3A级信用企业等荣誉称号；通过ISO9001质量体系认证；获得了中国建筑科学研究院认证中心颁发的建筑工程节能产品认证证书；获得了山东省住房和城乡建设厅颁发的建筑节能技术产品认定证书。

公司秉承“正道德众、一信永恒”的经营理念，本着“诚信共赢、环保节能”的宗旨，以“务实、合作、创新、卓越”的精神，打造行业第一、质量第一、服务第一的优质产品，坚持“客户第一”的原则为广大客户提供优质的服务。

冷库保温门 工业滑升门

LENGKUBAOWENMENGONGYEHUASHENGMEN

公司门类产品涵盖各系列冷库保温门、工业厂房车间用大型保温滑升门、车间隔断内快速卷帘门及物流装卸货升降月台。产品运用领域广泛，如各类冷链物流、节能厂房、洁净车间、超市、机场仓储等大型建筑。

产品均具有良好的保温性能，作为各类建筑的配套设施，本类产品具有绿色环保，节能保温、造型美观等特点。

门1

门2

门3

大盛物流

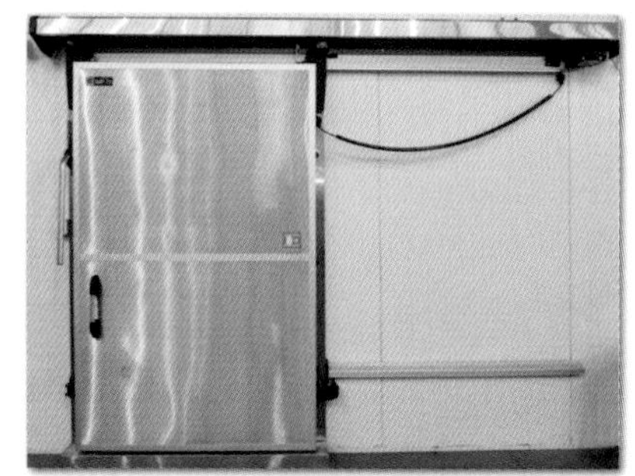

重型移门

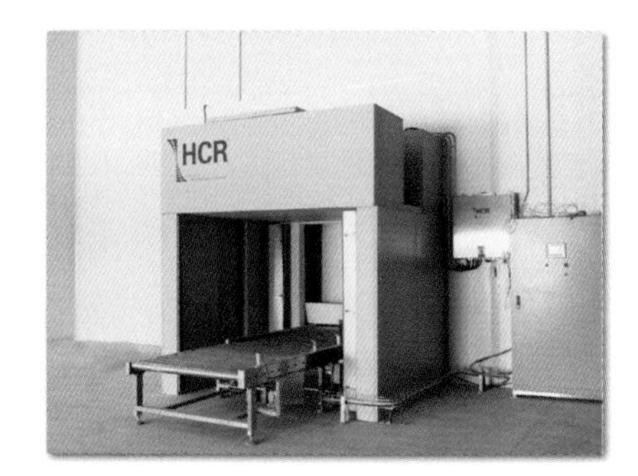

空气门

常州晶雪冷冻设备有限公司

地址：江苏武进经济开发区丰泽路18号

电话：0519-88061300

传真：0519-88061300

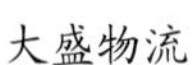

适用范围

适用于冷链物流、超市、食品加工、生物医药、餐饮酒店、机场仓储、科研院校、工业厂房和建筑外墙等建筑领域的配套设施;适用于住宅、工业、公共建筑等的门。

适用范围

冷库保温门 W:300～6000mm ，H：400～6000mm ，T：40～200mm

保温滑升门 W:1000～10000mm ，H：1000～10000mm ，T：42mm

技术指标

冷库保温门执行标准SB/T 10569，重点如下：

1.门板内部聚氨酯同表面钢板粘结性好，保温性好,保温系数$K \leqslant 0.24 W/(m^2 \cdot °C)$，发泡无气眼，发泡密度≥ 42kg/$m^3$，工作温度区间满足（−60～90℃）。

2.门板整体厚度≥40mm，阻燃性能为B级。

3.电机：专业耐低温防水电机，安全、耐用稳定。运行速度0.25m/s～1m/s可调。

4.保温滑升门执行标准JG/T 353，重点如下：

5.门板内部聚氨酯同表面钢板粘结性好，保温性好,保温系数$K \leqslant 0.5 W/(m^2 \cdot ℃)$，发泡无气眼，发泡密度≥ 45kg/$m^3$，工作温度区间满足（−20～90℃）。

6.门板的阻燃性能为B级。

7.平衡系统：采用外置扭簧平衡系统，弹簧须精确平衡，保证即使在停电情况下，不使用电机，手动提升整个门体，使用的力不超过220N（4.0×4.0的门）。弹簧材料须采用合金钢丝$60Si_2Mn$，表面磷化处理，低应力、油回火、扭簧的循环使用寿命须不小于30000次 。

8.机械安全装置：钢丝绳断裂保护装置及弹簧断裂保护装置。钢丝绳断裂保护装置，保证在钢丝绳断裂的刹那，门体在下落20cm内停止。弹簧断裂保护装置，保证在弹簧断裂的刹那，门体在下落20cm内停止。

工程案例

上海太古项目、河南福喜项目等。

生产企业

常州晶雪冷冻设备有限公司位于常州市武进经发区丰泽路18号，是国内领先的冷藏库库体和节能厂房围护整体解决方案供应商，也是国内规模居前的节能保温板材生产厂家。经过20多年的发展，公司已经拥有两条国际先进的板材连续生产线，建成了两个生产基地和遍布全国的销售网络，形成了140万平方米各类节能板材、10000扇冷库门和工业门及5000个升降平台的年生产能力，能够为客户提供节能保温围护系统的设计、生产、安装和维护的全方位服务，从而可以优质高效地完成客户订单，一站式地满足不同客户的个性化围护系统建设需求。

晶雪公司生产的“晶雪”“晶诺”品牌的各类PU、PIR、岩棉新型节能板材、“晶道”品牌的各类冷冻冷藏库门、工业门和升降平台，广泛应用于冷链物流、超市、食品加工、生物医药、餐饮酒店、机场仓储、科研院校、工业厂房和建筑外墙等领域，具有较高的市场占有率。公司积累了大量的中高端客户，拥有良好的口碑，并成为众多世界500强和中国500强企业在节能保温围护系统建设中的佳选。今年，公司的各类节能保温板材产品通过了美国FM认证，晶雪成为国内节能板材领域里通过该认证品种规格较多的企业，这将有助于本公司进一步拓展国际市场。

晶雪公司的发展得到了当地政府的大力支持及肯定，并获得了常州市武进区“2011年度工业先进企业”“2011年度高成长型工业企业”“2011年度创新投入先进企业”等荣誉称号”。

铝包木窗

铝包木门窗由铝型材和木集成材复合连接而成，室外采用耐候性优越的铝型材，室内采用经过特殊工艺加工的优质木集成材。外铝内木、内柔外刚是铝包木窗的最大特点，与普通的门窗相比，节能效果显著。

室外部分采用铝合金专用模具挤型材，表面进行氟碳喷涂，室内部分为经过特殊工艺加工的高档优质木材，木材表面采用德国优质油漆涂装，抗紫外线、防水、抗腐蚀性能极佳；采用多道密封，绿色环保，其开启部分和窗框之间采用了运用于高档幕墙的等压腔防水原理设计，防水、密封性能优于一般铝窗及高档塑钢窗；产品采用德国世界知名五金件，性能稳定，质量上乘，使用寿命长，开启、关闭手感颇佳。

产品采用先安装副框、后安装主框的安装方式，安装精度高，施工质量好；副框采用防腐木材加工制作，同时应用窗翅固定，更能保证窗体的防水性能。

门窗

河北奥润顺达窗业有限公司

地址：河北保定高碑店团结东路158号
电话：0312-5593000-8011
传真：0312-2837688

适用范围

满足任何高度、任何地区的建筑应用，是传统门窗的升级产品。

性能指标

按Q/SDMS 05《铝包木窗》执行，玻璃配置为6mm+12A+6mm，具体如下：

项目	指标
抗风压性能，kPa	6.0
传热系数K值，W/(m^2 · K)	2.7
空气渗透性能，m^3/(h · m)	0.3
空气隔声量，dB	31
水密性能，Pa	433

施工安装

铝包木窗安装的所有施工作业必须在5℃以上环境下进行，低于5℃不得从事安装作业。

窗用钢副框其外型尺寸不得小于40×20，材质应符合GB 716《碳素结构钢冷轧钢带》的规定，最小实测壁厚T≥1.5mm，表面应进行镀锌处理或涂防锈漆。

门窗用木副框，其外型尺寸应符合设计要求。应选用GB/T 143.1规定的符合船舶维修或建筑用途使用的材种，防腐性能应达到GB/T 1394.1中规定的强耐腐性能或经防腐处理后达到强耐腐性能。

固定片厚度应≥1.5mm，最小宽度应≥15mm，其材质应采用Q235-A冷轧钢板，其表面应进行镀锌处理。

结构采用的粘连材料必须是中性硅酮耐候结构密封胶，其性能必须达到GB 16776《建筑用硅酮结构密封胶》的规定，硅酮结构密封剂胶应打注饱满，并应在温度15～30℃、相对湿度50%以上的洁净的室内进行，不得在现场墙上打注。

玻璃四周胶条按规格和型号选用，镶嵌应平整、密实、橡胶长度要比边框槽口长出1.5%～2.0%，端口应留在四角，斜面断开后应拼接成设计要求的角度，并应使用胶粘剂接牢固后嵌入槽内。

工程案例

烟台凯旋城、万科·公元5号、北京山水宜家、唐山江源别墅、河北迁安黄台湖别墅、河北蓉城别墅、宁波雅戈尔、颐北家苑、优山美地3-6木索、中骏绿洲庄园27号楼、三亚鹿回头小东海项目海上餐厅投产、阳光海口西海岸（第三批）木索、青海弄海园D1木索、卧龙湖半岛度假酒店。

生产企业

河北奥润顺达窗业有限公司是中德合资的节能门窗生产、研发、安装企业集团，国家火炬计划重点高新技术企业，是国内能够生产隔热铝合金门窗、木铝复合门窗、铝包木门窗、实木门窗、木索系统窗、阳光能源屋、玻璃幕墙、木质幕墙等全部门窗产品的制造商，资产10亿元，年产能200万平方米，年产值15亿。

目前，公司投资新建的世界大规模的节能门窗生产工业园和亚洲国际门窗展览交易城及中国门窗博物馆已经在2011年落成，并先后投入使用。按住建部为公司的定位，奥润顺达目前正以世界节能门窗界生产加工中心、技术研发中心、信息情报中心、展览交易中心、仓储物流中心的崭新面貌出现在世人面前。

铝木复合窗

LVMUFUHECHUANG

铝木复合窗室外侧使用GB 5237-2004高精级铝合金型材的厚度在1.4mm以上，穿条用PA66制成断桥铝合金型材，内侧使用木型材，通过连接卡件或螺钉等连接方式，组合成框、扇结构的门窗。

铝合金的45°度组角采用进口组角胶和先进的工艺一次挤压而成，表面平整，强度高、密封好；采用全天侯的三元乙丙密封胶条，穿入型材的相应槽内，密封效果好，同时易更换。在保留铝合金窗特性和功能的前提下，将铝合金型材和实木通过卡件连接方法复合而成的框体，大大加强了窗户的耐用性和保温性，同时与建筑外观协调统一。铝木复合窗以铝合金为框体主材，其杆件抗弯强度及角部连接强度与铝合金窗相当，适合制作各种尺寸的门窗，因而可以为各种风格的建筑配套。

铝木复合窗由于采用了塑料和木材双重断热结构，因而具有良好的保温隔热性能，其断热指标和塑料窗相当，适合除高寒地区以外的任何区域使用。铝木复合窗外表面为铝合金结构，可以进行氧化着色、电泳涂装、静电粉末喷涂、氟碳喷涂等多种形式的表面处理，与铝合金窗一样，具有丰富可选的外观颜色和极强的耐候性能。

木窗室内照片

河北奥润顺达窗业有限公司

地址：河北保定高碑店团结东路158号

电话：0312-5593000-8011

传真：0312-2837688

适用范围

满足任何高度、任何地区的建筑应用，是传统门窗的升级产品。

性能指标

按Q/SDMS 05-2010《铝木复合窗》执行，具体如下（玻璃配置为6mm+12A+6mm）：

项目	指标
抗风压性能，kPa	6.0
传热系数K值，W/(m^2·K)	2.7
空气渗透性能，m^3/(h·m)	0.3
空气隔声量，dB	31
水密性能，Pa	433

施工安装

1.铝包木窗安装的所有施工作业必须在5℃以上环境下进行，低于5℃不得从事安装作业。

2.窗用钢副框其外型尺寸不得小于40×20，材质应符合GB 716《碳素结构钢冷轧钢带》的规定，最小实测壁厚T≥1.5mm，表面应进行镀锌处理或涂防锈漆。

3.门窗用木副框其外型尺寸应符合设计要求。应选用GB/T 143.1-1995规定的符合船舶维修或建筑用途使用的材种，防腐性嫩应达到GB/T 1394.1-1992中规定的强耐腐性能或经防腐处理后达到强耐腐性能。

4.固定片厚度应≥1.5mm，最小宽度应≥15mm，其材质应采用Q235-A冷轧钢板，其 表面应进行镀锌处理。

5.结构采用的粘连材料必须是中性硅酮耐候结构密封胶，其性能必须达到GB 16776《建筑用硅酮结构密封胶》的规定，硅酮结构密封剂胶应打注饱满，并应在温度15～30℃、相对湿度50%以上的洁净的室内进行，不得在现场墙上打注。

6.玻璃四周胶条按规格和型号选用，镶嵌应平整、密实、橡胶长度要比边框槽口长出1.5%～2.0%，端口应留在四角，斜面断开后应拼接成设计要求的角度，并应使用胶粘剂接牢固后嵌入槽内。

工程案例

烟台凯旋城、万科·公元5号、北京山水宜家、唐山江源别墅、河北迁安黄台湖别墅、河北蓉城别墅、宁波雅戈尔、颐北家苑、优山美地3-6木索、中骏绿洲庄园27#楼、三亚鹿回头小东海项目海上餐厅投产、阳光海口西海岸（第三批）木索、青海弄海园D1木索、卧龙湖半岛度假酒店。

生产企业

河北奥润顺达窗业有限公司是中德合资的节能门窗生产、研发、安装企业集团，国家火炬计划重点高新技术企业，是国内能够生产隔热铝合金门窗、木铝复合门窗、铝包木门窗、实木门窗、木索系统窗、阳光能源屋、玻璃幕墙、木质幕墙等全部门窗产品的制造商，资产10亿元，年产能200万平方米，年产值15亿。

目前，公司投资新建的世界大规模的节能门窗生产工业园和亚洲国际门窗展览交易城及中国门窗博物馆已经在2011年落成，并先后投入使用。按住建部为公司的定位，奥润顺达目前正以世界节能门窗界生产加工中心、技术研发中心、信息情报中心、展览交易中心、仓储物流中心的崭新面貌出现在世人面前。

木索横梁立柱结构窗

MUSUOHENGLIANGLIZHUJIEGOUCHUANG

产品是一种建筑用横梁立柱连接门窗结构，成品窗内木（室内）外铝（室外），窗体以木型材为主体，外侧以铝合金型材作为装饰面，铝木型材通过冷断工艺复合而成，木制横梁与木制立柱通过专用的金属卡件槽与卡件榫相互咬合。

产品借鉴明框幕墙的结构原理，采用设计独特的T形铝材与带有隔热密封翼及防水翼的胶条组合成整体，与横梁、立柱通过专用的卡槽式连接件连接，配以充氩气的Low-E中空玻璃，形成玻璃内外完整的密封结构，节能效果显著。该产品采用模数化型材设计、构件式组装，便于运输与安装，通过选用不同配置，满足不同气候区域的建筑节能设计要求。

河北奥润顺达窗业有限公司

地址：河北保定高碑店团结东路158号

电话：0312-5593000-8011

传真：0312-2837688

适用范围

满足任何高度、任何地区的建筑应用，是传统门窗的升级产品。

规格参数

木索系统窗能满足大跨空间要求，通过改变玻外绝热块高度及铝压板用钉的规格，即可实现不同厚度、型号的玻璃装配。另外，与不同规格厚度的玻璃配套使用的还有玻璃托块，其最大承重可达 694kg。

性能指标

按Q/SDMS 02《木索横梁立柱结构窗》执行，玻璃配置为6mm+12A+6mmLow-E，具体如下：

项目	指标
抗风压性能，kPa	4.5
传热系数K值，W/(m^2·K)	1.7
空气渗透性能，m^3/(h·m)	8级
空气隔声量，dB	36
水密性能，Pa	5级

施工安装

构件式木窗（木索系统窗）的角部及梃的连接，在立柱侧面上用专用螺钉固定好金属卡槽件，在横梁的两个端头铣出深槽，用自攻螺钉将金属卡榫件固定在横梁的端头，即可按箭头的方向或相反方向进行组装操作。

玻璃安装方式为外铝扣板压合式安装，密封系统采用T形铝材与带有隔热密封翼的胶条组合，再与木龙骨和横龙骨结合。

工程案例

烟台凯旋城、万科·公元5号、北京山水宜家、唐山江源别墅、河北迁安黄台湖别墅、河北蓉城别墅、宁波雅戈尔、颐北家苑、优山美地3-6木索、中骏绿洲庄园27号楼、三亚鹿回头小东海项目海上餐厅投产、阳光海口西海岸（第三批）木索、青海弄海园D1木索、卧龙湖半岛度假酒店。

生产企业

河北奥润顺达窗业有限公司是中德合资的节能门窗生产、研发、安装企业集团，国家火炬计划重点高新技术企业，是国内能够生产隔热铝合金门窗、木铝复合门窗、铝包木门窗、实木门窗、木索系统窗、阳光能源屋、玻璃幕墙、木质幕墙等全部门窗产品的制造商，资产10亿元，年产能200万平方米，年产值15亿。

目前，公司投资新建的世界大规模的节能门窗生产工业园和亚洲国际门窗展览交易城及中国门窗博物馆已经在2011年落成，并先后投入使用。按住建部为公司的定位，奥润顺达目前正以世界节能门窗界生产加工中心、技术研发中心、信息情报中心、展览交易中心、仓储物流中心的崭新面貌出现在世人面前。

厂区图片1

国际门窗科技大厦

厂区图片2

厂区图片3

铝合金门窗

LV HE JIN MEN CHUANG

和平铝业生产的隔热铝合金门窗，全部采用穿条式断桥铝合金型材和中空玻璃设计，并通过玻璃的变化、优良的五金和精细的加工，使窗户达到更好的保温节能效果。

和平门窗幕墙P60系统是在原HP56系列的基础上优化改良而成。P60系统配置20mmPA66隔热材料，框厚度为60mm，包含P60W、P60V、P60D三个子系统。完备的系统产品在结构、工艺、定位上结合了最新的门窗系统设计理念，形成丰富的断桥隔热解决方案，并拥有全面的门窗配套附件。更加完善的解决方案使得框、扇等型材的可选择性更强，在提高了节能效果的同时也考虑到材料的节省。

D折叠门

三河和平铝材厂

地址：河北省三河市燕郊高新区燕高路12号

电话：13731602206

传真：010-58411058

适用范围

住宅和公共建筑外门窗。

性能指标

按GB/T8478《铝合金门窗》执行，玻璃配置为6mm+12A+6mm，具体如下：

项目	指标
抗风压性能，kPa	3.5
传热系数K值，W/(m^2·K)	2.8
空气渗透性能，m^3/(h·m)	0.3
空气隔声量，dB	31
水密性能,Pa	433

施工安装

1.门窗框安装工作应在室内外抹灰找平、刮糙等湿作业完毕后进行。

2.弹线：首先应弹出门窗洞中的中心线，从中心线确定基准洞口宽度，门窗框安装后，应与墙面阳角线尺寸保持一致。在洞口两侧弹出同一标高的水平线，且水平线在同一楼层内标高均应相同。

3.门窗框安装：按照弹线位置，将门窗框临时用木楔固定，用水平尺和托线板反复校正门窗框的垂直度及水平度，并调整木楔直至门窗框垂直水平，最后用射钉将其连接件固定在墙体上。检查校正后贴上保护胶纸，以后施工时，严禁搁置脚手板或其他重物。

4.门窗框与墙体的连接位置：应分别距边框角和边框、中横框、中竖框的交点150mm，连接点的间距应不大于500mm。

5.门窗框与墙体间隙处理：外门窗应先填塞发泡剂，再用专用密封胶密封。木门框与墙体间隙用混合砂浆分两次填塞密实。

6.窗扇安装：待内外墙面面层及楼地面工程施工完成后再安装。

7.密封胶施工：清除被粘物表面的油污、灰尘，被粘物要保证一定的干燥度，要求密封胶吃进窗框5mm，施工后密封胶表面平整。

工程案例

东贸国际、首都机场航站楼、北京科技会展中心、首都图书馆新馆、民生银行总行办公楼、星城广厦、国奥村、2008年北京奥运会乒乓球场馆、国家奥体中心综合训练馆、奥运工程北京大学体育馆、奥林匹克公园、中国银行西单F2区、解放军309医院、武警医院、海淀区政府、呼和浩特中级人民法院、国家大剧院、国际广播电台、大钟寺国际广场、山东煤田地质局综合楼、石家庄陆军指挥学院、总参工程兵第四设计院、金融街、北大医院、友谊医院、渔阳饭店、沈阳体育学院工程、望京新城、张家口名门华府、天津瑞景、凯旋城、星城广厦、冠景新城、凤凰置地广场、东方巴黎广场、北京交通大学机械工程楼等。

生产企业

三河和平铝材厂成立于2003年2月，是北京和平铝业旗下专业生产和销售铝型材的现代化生产企业，拥有燕郊和大厂两大生产基地,总占地面积约33万平米，厂房及办公用建筑面积一万八千多平方米，拥有镕铸、挤压、氧化、电泳、粉末喷涂、氟碳喷漆、复合加工等完整的铝材生产设备及工艺流程；目前拥有挤压生产线17条，阳极氧化及电泳生产线2条，喷涂生产线5条，复合加工生产线6条，年设计生产高档建筑铝型材及工业型材可达十万吨以上,是华北地区重要的铝型材生产基地。

厂区

和平铝业百万平米门窗幕墙加工中心

大厂基地立式喷涂线正式投产

随着技术和材料的创新和应用，在德国新兴起一种铝塑共挤门窗型材，其节能门窗的优越性能得到了专家和市场的认可。北京中联建诚建材有限公司紧跟世界门窗行业的发展形势，自主研发铝塑共挤门窗型材及其生产技术，并且围绕产品和技术开发了相关生产设备和工艺，以及门窗的组装工艺和组装设备。在产品质量要求上，以德国RAL-GZ716/1标准为基础，以保证项目推广过程中的整个市场品质的稳定。铝塑共挤生产技术以及铝塑共挤门窗的使用，符合国家十二五规划的发展要求。尤其是在行业节能和产品节能方面均有巨大的社会效益。铝塑共挤门窗有如下突出的特点：性能优越、节能、绿色回收、节约自然资源、适用范围广泛、工艺简单。

北京中联建诚建材有限公司
地址：北京市海淀区花园路2号牡丹科技大厦A301室
电话：13901139416
传真：010-62354978

适用范围

通过玻璃配置，适用于各气候区的新建、改建、扩建的民用建筑与工业建筑。

性能指标

按国家建筑标准设计图集11CJ27《铝塑共挤节能门窗》执行，玻璃配置为6mm+12A+6mm，具体如下：

项目	指标		
型材	表观密度，g/cm³	主型材	≥0.7
		辅型材	≥1.4
	邵氏硬度HD		≥68
	维卡软化温度，℃		≥72
	老化后颜色变化		型材色差ΔE*≤5
整窗	抗风压性能，kPa		5级
	传热系数K值，W/(m²·K)		2.7
	空气渗透性能，m³/(h·m)		7级
	空气隔声量，dB		31
	水密性能		3级

施工安装

采用预留洞口的施工安装方法，洞口与门窗之间的缝隙是按照一般墙体外饰面为水泥砂浆做法考虑的。安装时应先固定上框然后固定两侧。混凝土洞口应采用塑料胀管螺丝或射钉固定，砖墙洞口应采用塑料胀管螺丝固定，且不得固定在砖缝处，严禁使用射钉。

工程案例

广州科技部国家重点实验室节能实验大楼、泰州市民俗文化展示中心、北京美利坚别墅、长治居民小区等。

图1

图2

生产企业

北京中联建诚建材有限公司(简称建诚公司)于2006年12月在海淀区中关村科技园注册成立，2007年11月6日被批准为高新技术企业。公司自成立起致力于绿色环保节能低碳产品的研发、生产、推广。公司现有员工18人，其中工程技术人员6人。公司有独立的研发机构，并在延庆县永宁镇建有15亩研发试验生产基地，电力350kVA，生产试验设备42套。

铝塑共挤门窗型材，在产品质量要求上，以德国RAL-GZ716/1标准为基础，有如下突出的特点：性能优越、节能、绿色回收、节约自然资源、适用范围广泛、工艺简单。铝塑共挤型材所使用的铝衬可以使用70%的回收铝，可以减少自然资源的开采，并且不需要进行表面处理，连带使上游的铝加工厂减少排污量。铝塑共挤型材生产能耗只有塑钢的65%，断桥铝的75%，比现有的其他类门窗型材生产行业节能25%～35%。

上海阿德勒门窗型材有限公司
地址：上海市浦东新区建豪路93号
电话：021-50880572
传真：021-50880573

适用范围

通过玻璃配置，适用于各气候区的新建、改建、扩建的民用建筑与工业建筑。

性能指标

按国家建筑标准设计图集11CJ27《铝塑共挤节能门窗》执行，型材指标具体如下：

项目			指标
型材	表观密度，g/cm	主型材	≥0.7
		辅型材	≥1.4
	邵氏硬度HD		≥68
	维卡软化温度，℃		≥72
	老化后颜色变化		型材色差ΔE*≤5

工程案例

广州大学城、广州亚运村、东方国际集团、中国建筑集团等。

中医药大学国际楼

广州亚运城

广州亚运城运动员村

生产企业

上海阿德勒门窗型材有限公司总部位于上海，专利技术源自欧洲，是一家集研发、生产、销售、技术服务以及供应链管理为一体的系统门窗解决方案供应商。

关注全球气候变暖，倡导低碳生活，阿德勒始终致力于提升建筑门窗及幕墙产品的绿色节能表现。依托近200人的研发与技术服务团队，针对中国地域及气候特点，开发出一系列适合本土市场的高性能节能环保产品，并具有业内顶尖的技术服务能力。本土化服务，国际化运营，加之多年的市场沉淀，使得阿德勒精于产品研发以及供应链管理，不断创新产品的同时提升了客户的价值感受。

同时，我们重视与开发商以及各门窗生产厂家的合作关系，并在业界树立了良好的口碑。我们坚信在市场竞争中，赢得客户尊重胜过获取单一工程项目。公司会不断提升产品工艺及性能，发挥品牌号召力，与客户长期共赢合作。

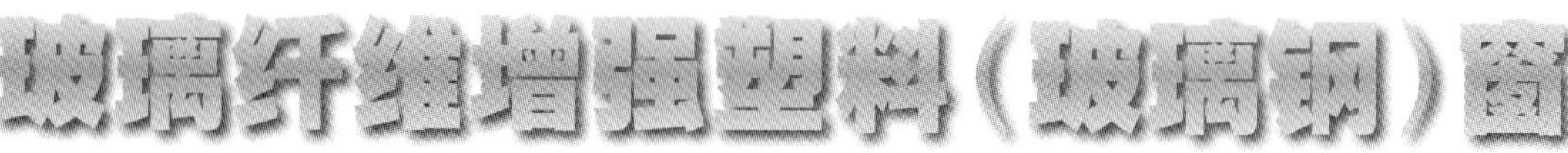

BO LI XIAN WEI ZENG QIANG SU LIAO (BO LI GANG) CHUANG

高分子复合材料节能门窗是以玻璃纤维及其制品为增强材料，以不饱和聚酯树脂为基体材料，通过拉挤工艺生产出空腹异型材，然后通过自动喷涂、切割等工艺制成门窗框，再装配上专业定制的毛条、橡胶条及五金件制成成品门窗。

高分子复合材料节能门窗被誉为继木、钢、铝、塑后的“第五代”新型门窗，是国家重点推广的环保节能型高新技术产品，具有绿色环保、节能保温效果显著、隔声抗噪、轻质高强、密封性能卓越、耐腐蚀、耐候性好、尺寸稳定、寿命长、绝缘性能好、色彩丰富等显著的特征。

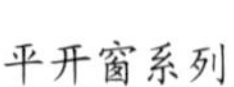

平开窗系列

推拉窗系列

木纹高分子玻纤复合材料门窗

山东天畅环保工程有限公司
地址：山东省枣庄市山亭区经济开发区
电话：18602671011
传真：0632-8866277

适用范围

产品适用于中高档小区、酒店、别墅、化工厂、医院、学校、民用建筑及腐蚀性强的场所和沿海地区。

框材指标如下：

指标	单位	数值
规格	mm	56、65
壁厚	mm	2.4
密度	1000kg/m^3	1.7
热膨胀系数	10~6m/℃	7.3
导热系数	W/（m·℃）	0.39

续表

指标	单位	数值
拉伸强度	MPa	388
比强度	—	220
耐腐蚀性	等级	A
耐老化性	等级	B

整窗指标按JG/T 186《玻璃纤维增强塑料(玻璃钢)窗》执行，配置Low-E中空玻璃，具体如下：

项目	指标
抗风压性	7级
传热系数K值，W/(m^2·K)	2.2
气密性	8级
空气隔声量，dB	36
水密性	4级

工程案例

临沂市人民公园、临沂实验中学、上海瑞生花园别墅、山亭区文体中心项目等。

山东烟台中央海岸海景房

欧式别墅白色带装饰条安装效果

湖南长沙别墅阳光房

生产企业

山东天畅环保工程有限公司坐落在江北水乡——枣庄，成立于2007年8月，占地面积150亩，建筑面积5万多平方米，总投资人民币3.6亿，注册资金5000万，是一家集科研、设计、开发、销售、安装、售后为一体的综合型高新技术企业。

公司在玻璃纤维增强塑料型材（简称玻璃钢）及节能保温窗领域一直坚持以科技创新为发展思路，立足节能环保市场，不断推出新产品，并开发出包括木纹在内的多种彩色型材。产品具有节能、保温、隔声降噪、轻质高强、尺寸稳定、耐腐蚀、耐老化、使用寿命长等显著特点，玻璃钢节能保温窗被誉为继木、钢、铝、塑后的“第五代”新型门窗，是国家重点推行的环保节能型高新技术产品，各项指标均处于国内领先水平。

4.1.3 遮阳产品

外遮阳硬卷帘

WAI ZHE YANG YING JUAN LIAN

户外卷闸窗系统由一次性辊轧成型的双层铝合金，中间填充的绿色环保的聚氨酯绝热发泡材料和表面经多层烤漆的帘片组合而成，在窗户两侧的导轨内运行。将其卷起藏于窗户顶部的罩壳内，采光通风；放下后帘片间的透光口可以透光、通风；完全放下后，遮阳隔热，保温节能，隔声降噪，保护私密，阻挡风、雨、雪、冰雹等恶劣天气。通过防上推、防上撬装置和定时开关等手段，安全防盗。

户外百叶帘

北京科尔建筑节能技术有限公司

地址：北京市朝阳区北四环东路108号千鹤商务1号楼10层

电话：010−84832755

传真：010−84833927

适用范围

适用于别墅，高档公寓及民用建筑的外遮阳。

产品规格

产品规格：37mm、42mm、55mm。

技术指标

执行标准：JG/T 274《建筑遮阳通用要求》及JGJ 237《建筑遮阳工程技术规范》，具体如下：

机械耐久性：2级

抗风性能：5级

抗冲击性能：符合JG/T 274的要求

施工安装

1.洞口已完成必要施工且墙面干燥，并且清理干净。
2.卷闸窗预安装洞口应横平竖直。若不符合安装要求，应进行及时修整或返工。
3.导轨及端座安装面必须在同一平面内或两平面平行，允许偏差≤3mm。
4.导轨安装面必须与水平面垂直，允许偏差<3mm。
5.洞口宽度尺寸偏差±3mm。
6.检查端座及导轨固定处是否具备承载能力，必要时作加固处理。
7.卷闸窗系统的安装应无任何障碍，如线槽、管道、钢构等。
8.洞口顶部及两侧空间保证最小安装尺寸。

工程案例

1.工程名称：绿地太仓新城一期A09地块。使用产品：42电动卷闸窗；使用面积：8000平方米。
2.工程名称：万科铭悦。使用产品：42电动卷闸窗；使用面积：12000平方米。
3.工程名称：南通橡树湾。使用产品：42电动卷闸窗；使用面积：8800平方米。
4.工程名称：中间建筑(别墅)。使用产品：42白色电动户外卷闸窗；使用面积：150平方米。

案例1

广州南站

慧科大厦

生产企业

我公司委托北京兴巨方圆自动门窗技术有限责任公司对户外卷闸窗和户外百叶帘进行加工。北京兴巨方圆公司是以设计、制造、安装自动遮阳百叶为主要经营业务的专业化遮阳产品生产企业，通过ISO9001质量管理体系认证，具有建筑遮阳产品加工的相应设备和场地，并拥有一批多年从事自动遮阳百叶、自动门窗设计的中高级技术人员及制作、安装的专业施工队伍。

兴巨方圆公司与中国建筑标准设计研究院等单位合作参与编写了遮阳与通风百叶相关国家标准：

《国家建筑标准设计图集06J506-1建筑外遮阳（一）》

《国家建筑标准设计图集05J624-1百叶窗（一）》

《国家建筑标准设计图集07J103-8双层幕墙》

《国家建筑标准设计图集07J205玻璃采光顶》

伟业遮阳引进德国、法国、美国、比利时、瑞典等众多国家的先进技术，引进其传动机构及遮阳原材料，在京流水线制作、销售。伟业遮阳产品按材质主要分为织物遮阳和金属遮阳两大类。

织物遮阳产品：指使用织物面料，通过各控制系统组成的遮阳产品，起到遮阳隔热、光线调节及装饰美化的作用。

金属遮阳产品：指使用铝合金面料，通过各控制系统组成的遮阳产品，具有遮阳、调节光线、节能保护玻璃幕墙等作用。

北京伟业窗饰遮阳帘有限公司

地址：北京市顺义区牛栏山镇北军营工业集中区西9号

电话：010-59002951

传真：010-59002949

适用范围

医院、学校、博物馆、剧院、会展中心等公共建筑，企业办公楼、写字楼、酒店、会所等商业建筑，住宅、别墅等民用建筑。

产品规格

织物遮阳产品包括卷帘、天篷帘、布艺帘；金属遮阳产品包括金属百叶帘、翻板帘、户外天篷。

技术指标

织物遮阳之天篷系统按照JG/T 252《建筑用遮阳天篷帘》执行。金属遮阳之户外机翼百叶按照JG/T 416《建筑用铝合金遮阳板》执行，相关技术参数如下：

螺杆形式	爱克姆螺杆	输入电压	参数
重量	0.8kg	输出功率	72
等级保护	Ip54	额定运转率	10%
搭配控制器	LAK2/LAK2B/LAK6F	保护等级	Ip45

主要技术参数如下：

叶片规格	1.0kN/m²	1.5kN/m²	2.0kN/m²
200mm	2800mm	2460mm	2235mm
250mm	3050mm	2690mm	2490mm
300mm	3300mm	2950mm	2690mm
350mm	3580mm	3175mm	2895mm
400mm	3730mm	3325mm	3050mm
450mm	3960mm	3500mm	3225mm

施工安装

1.卷轴要水平，与墙面的距离保持一致。
2.两侧的轨道要垂直，并于卷轴、帘片协调，定位一致。
3.定位后应反复校正，确定无误后再固定。
4.不管是哪个部件都要固定牢固，与墙体结合紧密。

工程案例

政府、商业办公项目：长春国际机场、中国国家博物馆、天津滨海高新区、中国航天三院展示中心、天津工业大学体育场馆、天津文化博物馆项目、天津管委会办公大楼、中国建设银行总行办公大楼、北京工商大学房山校区、北京中央组织部办公大楼、昆明市政府办公大楼、成都市政府办公大楼、中国科学院计算机研究所、中国工程院综合办公楼、中国航天集团三院航天展示中心及办公大楼、中国计量科学院昌平基地、北京石景山人民检察院、江苏省南通通州市政府办公楼等。

华能培训中心1

华能培训中心2

泰达广场

生产企业

北京伟业窗饰遮阳帘有限公司是一家集智能、环保、节能、时尚于一体的窗饰遮阳产品专业生产商及综合解决方案提供商，旗下产品品牌为WelKin。公司营业总部设在北京，在天津、上海、扬州、成都、武汉、西安等全国18个地区设有办事机构及服务网点。公司生产基地位于北京市顺义区牛栏山镇经济技术开发区。产品在国内所有地区均有销售。

公司一贯注重在新产品研制开发方面的大量投入，在技术理念、传动系统和造型设计等方面不断推陈出新，精益求精。公司的生产设备及大部分生产原材料均以欧洲进口为主，保证了产品的整体技术性能和质量，同时其高效的生产效率能快速地满足客户的需求。

正见外遮阳铝合金百叶卷帘金属由正见帘、传动系统、罩盒、两端导轨、底樑组成。正见帘是由中国传统竹帘得到启发，由铝制中空型材作为纬线，高强聚酯或不锈钢线绳作经线，相互扭织，再经涂塑制造而成。

正见帘片基材是一种铝制中空异型材，表面积大，散热快，可有效降低门窗周围"微环境"的温度，使门窗得热量下降，降低室内空调能耗。当太阳光线同地平线夹角大于23°时，利用特殊的正见网状遮阳系统，使光线完全阻挡在窗外，起到遮阳隔热的作用。同时利用系统的通透性，将自然光及新风引进室内，既增加照度，减少人工照明能耗，又增加空气流通，提高室内舒适度。在室外温度不超过32°的环境中几乎无需使用空调。

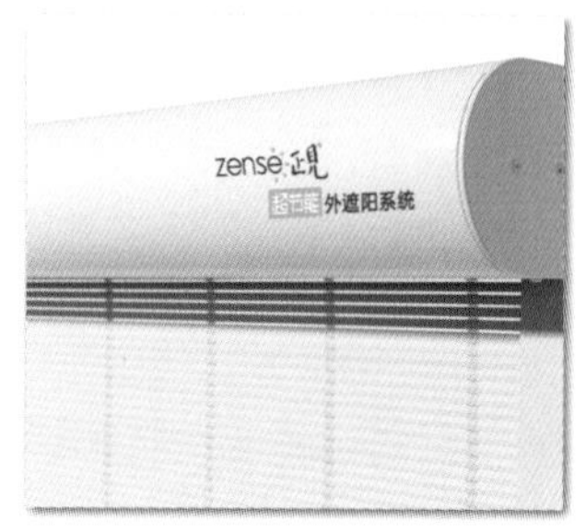
正见外遮阳1

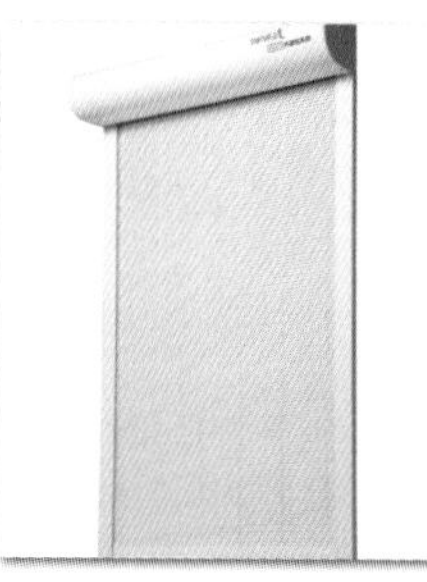
正见外遮阳2

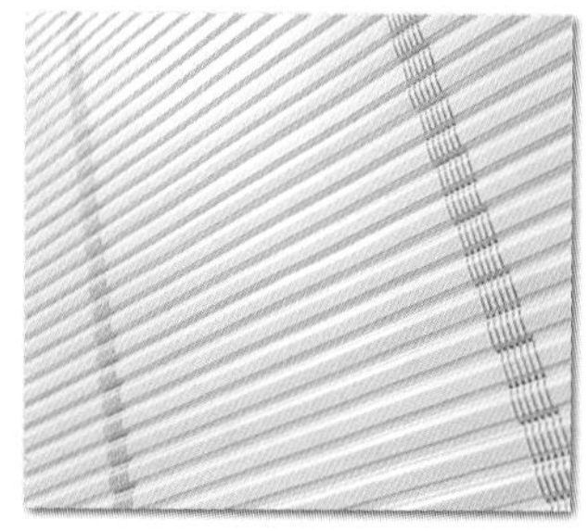
正见外遮阳帘1

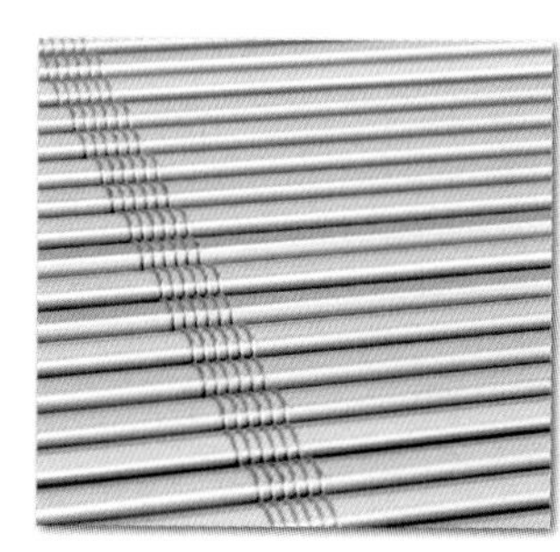
正见外遮阳帘2

上海正见门窗科技有限公司

地址：上海闵行区莲花南路1388弄8号1104室

电话：021－61268378

传真：021－61268373

适用范围

各种建筑门窗遮阳，高层、超高层幕墙外遮阳，平、斜圆弧屋顶外遮阳。可以利用网络实现其智能化控制。

产品规格

帘片(mm)	整帘(mm)		驱动方式
	宽度	高度	
40×60（72）×0.27	800～3000	1000～2700	手动电动

产品性能

按JG/T 274《建筑遮阳通用要求》和苏J33《建筑外遮阳》执行，具体如下：

项目	指标
遮阳系数	0.21
动风压试验	可承受12级风速
机械耐久性	≥15000次
耐腐蚀性	240h中性盐雾试验

施工安装

1.电动外遮阳系统必须接地，以防雷击、触电等事故。

2.横平竖直确保系统正常运行。

3.外接电源及各种元器件必须密封，防雨水浸入，引起电机损坏。

4.安装锚栓必须深入建筑基体30～50mm，材质涂层合格。

5.尽可能做到安装锚栓在室内容易拆下，便于维修。

6.幕墙、屋顶外遮阳必须按图施工，确保各项指标达到设计标准。

7.每个遮阳系统安装好，必须经过严格测试，确保符合设计要求。

8.打开包装后，首先检验遮阳系统的外观，确保无损伤才可安装；安装时轻拿轻放，避免遮阳系统外观受到损伤；安装好后，立刻清除外遮阳系统表面的污垢。

9.交付验收前，必须对整个建筑的遮阳系通进行整体测试，确保集控装置、遥控装置、感应装置及各种输变电器的正常运行。

工程案例

德国滴水湖、冰岛项目、澳大利亚项目、湖滨晨韵、北建华清广场等。

澳大利亚案例

北清华建商业广场

德国滴水湖案例

湖滨晨韵案例

生产企业

上海正见门窗科技有限公司是一家集科研、生产、销售于一体的智能外遮阳系统集成商，专注于建筑遮阳、节能。公司研发团队从2000年开始通过对建筑外遮阳系统技术原点——基础型材成型技术、制造技术、控制系统及表面处理系统进行综合研发，融合西方先进技术与东方传统美学，原创性地研发出具高安全性、超节能外遮阳系统并获得国家专利。产品各项技术指标达到或超过欧洲同类产品标准，同类产品在德国获得国家科学技术二等奖。

缔纷特诺发外遮阳硬卷帘有多种规格与款式，外表美观、色彩丰富。其表面采用先进的静电喷涂工艺，抗紫外线，内部填充环保型聚氨酯发泡材料，坚固耐用，安全保温隔声，有防火、防水、防腐蚀、耐寒隔热、体积轻、不易氧化、简洁大方等优点并有多种操作方式，使用方便。

缔纷特诺发（上海）遮阳制品有限公司

地址：上海市佘山工业区明业路38号
电话：021-57792710
传真：021-57794151

适用范围

适合安装在中高档别墅、公寓、住宅及办公楼，给建筑和居室增添更多节能和舒适效果。其门窗一体的集成式、墙体嵌入式适用于新建建筑；外置卷帘盒式适用于既有或新建建筑。

产品基本参数

帘片：37mm、50mm帘片内充高密度的无氟聚胺脂发泡剂。
端盖：有135、165、205型号三种。
驱动方式可皮带驱动、曲柄驱动、线控驱动、无线遥控。

产品性能

按JG/T 274《建筑遮阳通用要求》、JGJ 237《建筑遮阳工程技术规范》和06J506-1《建筑外遮阳》执行，具体如下：

项目	指标
遮阳系数	≤0.25
抗风性能	800Pa
机械耐久性	≥14000次
耐腐蚀性	240h中性盐雾试验

施工安装

1.当采用电动方式时，在卷帘盒安装位置的墙面附近预留电动机电源接线盒。

2.手动型：适用于窗洞口宽度600～2100mm、高度600～2100mm。

3.电动型：适用于窗洞口宽度600～3600mm、高度600～3000mm。

4.帘片嵌入导轨中的深度：当窗洞口内宽≤1800mm时，每端嵌入深度≥20mm；当3000mm≤窗洞口内宽＜1800mm时，每端嵌入深度≥30mm。

5.安装遮阳系统前应对窗口实际尺寸进行核实。

工程案例

世博伦敦零碳馆、北京碧水花园、山东日照项目、上海家天下别墅等。

北京碧水花园

深圳三湘海尚花园

万兆碧林湾小区

桔郡水印长滩

上海家天下别墅

中海凯旋

生产企业

缔纷特诺发（上海）遮阳制品有限公司是外商独资企业，坐落于上海松江佘山工业园区，秉承法国特诺发的企业理念，专注于外遮阳硬卷帘及高档门窗系列产品的研发、生产、销售和服务。

特诺发集团（法国）创建于1979年的德法边境Gundershoffen，迄今为止，在欧洲的德国、法国、瑞士、比利时等地拥有16个生产基地，员工人数1600多人，年销售额超过3亿欧元。经过近30年专注于研发、生产、销售门窗和外遮阳卷帘的历程，法国特诺发集团已经积累了丰富的行业经验和取得多项产品技术专利。

公司严格执行法国特诺发的技术、设计、生产、安装流程以及质量管理体系，生产各类外遮阳硬卷帘的所有零部件全部由总公司法国特诺发集团提供，确保成品与法国特诺发技术和质量同步。

外遮阳金属百叶帘

WAI ZHE YANG JIN SHU BAI YE LIAN

亨特户外金属百叶帘由高等级的铝合金帘片系统、操作导向系统、专业驱动系统、智能控制系统等主辅机构组成。亨特铝卷预处理采用一级水准处理，预涂层采用特殊的Anorcoat转换涂层，在涂层处理中不产生废水，同时保证涂层具有世界最高级的极强长久附着力。亨特集团是在预处理过程中不会产生废水的铝卷涂层处理商，对环境无害、环保。亨特户外金属百叶帘可以实现帘片的慢速调光功能，通过对控制系统的软件编程设计，达到叶片翻转的均匀变速以及翻转角度的任意灵活，同时通过特殊的降噪处理手段，保证系统运行平稳安静。产品应用于建筑玻璃采光面外侧，具有出色的光线调节、节能保温等功能，产品性能稳定、运行可靠，可通过开关或遥控实现本地控制、分组群控或整体控制，更可结合风、光、雨传感装置实现自动化控制，加之使用亨特HDi智能控制系统即可实现产品的阳光随动、定时功能、消防联动、阴影计算分析等智能化控制。亨特户外金属百叶帘特别适用于商业办公等现代建筑环境之中，是众多户外遮阳产品中的佼佼者。

图片1

图片2

图片3

亨特制造（中国）有限公司

地址：中国广东省广州市经济技术开发区永和经济区永顺大道摇田河大街161号

邮编：511356

总机：86-20-32222888

适用范围

适用于各种建筑外遮阳，呼吸式幕墙中置遮阳。

产品基本参数

帘片：80.0mm

电机：德国DUNK电机

产品性能

按JG/T 251—2009《建筑用遮阳金属百叶帘》执行，具体如下：

1.帘片：铝镁硅高等级合金，通过240h中性盐雾试验。

2.抗风性能：产品通过边轨进行导向，产品加装风速传感器，当风速达到预设值后可自动触发开启命令，令百叶帘自动收起，避免强风对百叶帘的破坏作用。

3.机械耐久性：机械耐久性3级，即伸展/收回15000次，开启/关闭30000次。

施工安装

1.电动外遮阳系统必须接地，以防雷击、触电等事故。

2.横平竖直确保系统正常运行。

3.外接电源及各种元器件必须密封，防雨水浸入，引起电机损坏。

4.安装锚栓必须深入建筑基体30～50mm，材质涂层合格。

5.尽可能做到安装锚栓在室内容易拆下，便于维修。

6.幕墙、屋顶外遮阳必须按图施工，确保各项指标达到设计标准。

7.每个遮阳系统安装好，必须经过严格测试，确保符合设计要求。

8.打开包装后，首先检验遮阳系统的外观，确保无损伤才可安装；安装时轻拿轻放，避免遮阳系统外观受到损伤；安装好后，立刻清除外遮阳系统表面的污垢。

9.交付验收前，必须对整个建筑的遮阳系通进行整体测试，确保集控装置、遥控装置、感应装置及各种输变电器的正常运行。

工程案例

天津生态城行政中心、浦江智谷创业园、世博中国馆屋顶花园德固赛(上海)科技研发中心、SAP中国研究院等。

生产企业

亨特制造（中国）有限公司为始创于1919年的荷兰亨特集团于2004年投资筹建的独立外资公司，是亨特亚洲区窗饰产品及其原材料、配件的研发和制造中心，地址设在广州经济开发区。公司经营范围包括研发、生产、制造新型建筑材料、高档建筑五金件、时尚窗饰产品以及新型树脂建筑材料，销售本公司产品并提供相关技术咨询服务。

"绿风"升降可调式铝合金百叶窗

"LV FENG"SHENG JIANG KE TIAO SHI LV HE JIN BAI YE CHUANG

和椿科技"绿风"百叶窗可以选择手动和电动操作百叶窗之上升、下降及角度调整，白天具遮阳效果，晚上具安全防护功能，在安全的考量上，设计有遇到障碍物能立即停止运作之功能。

盛夏时窗外投进的强烈光线，透过百叶即转变为柔和的光线，同时将上升的室温降低约80%，较之一般百叶窗有3倍的隔热效果，可节省冷气电耗达50%以上；冬天能阻隔室外的冷空气，防止室内暖空气外流，除了舒适性外，更能达到节约能源的效果。当百叶完全关闭时，即使面对道路的室内空间也不用担心来自外部的窥视，使空间隐私能获得最大的保障。

在材质方面，绿风电动百叶窗采用高强度铝型材，可抵抗12级大风。坚固的材质可防止外部事物的强行侵入。铝型材表面可根据需要采用阳极氧化、氟碳喷涂或高耐候聚酯粉末喷涂，美观耐久。

在百叶下降过程中如遇障碍物阻挡，压力感测器会立即感应，让百叶立即停止并往回升起，以确保使用上之安全。若紧急灾害发生时，则可使用手动备用装置紧急开启，利于通往室外。

绿风百叶还可根据需要搭配智慧感知系统。其中包含光、风以及雨的自动化感知。 当太阳照射的角度随着时间而改变，可自动调整叶片角度避免阳光直射。遇到强风时，叶片可自动收起以确保保护叶片不受损坏。再者，外出时也不必再担心下雨未关窗，因为绿风百叶可自动关闭叶片，防止雨淋。

电动型的绿风百叶采用静音马达，除遥控器遥控外，还可透过网路装置于远端控制百叶的升降和叶片角度。 无论是电脑或智慧型手机均可当作控制介面。

和椿科技（昆山）有限公司

地址：江苏省昆山市花桥经济开发区鸡鸣塘南路936号

电话：0512-57971581

传真：0512-57971583

适用范围

各种建筑门窗遮阳，高层、超高层幕墙外遮阳，平、斜圆弧屋顶外遮阳。可以利用网络实现其智能化控制。

产品性能

按JG/T 274《建筑遮阳通用要求》执行，具体如下：

项目	指标
遮阳系数	0.25
抗风性能	可承受12级风速
机械耐久性	≥15000次
表面耐候性	1000h盐雾试验、人工加速老化试验和湿热试验

施工安装

1.电动外遮阳系统必须接地，以防雷击、触电等事故。

2.横平竖直确保系统正常运行。

3.外接电源及各种元器件必须密封，防雨水浸入，引起电机损坏。

4.安装锚栓必须深入建筑基体30～50mm，材质涂层合格。

5.尽可能做到安装锚栓在室内容易拆下，便于维修。

6.幕墙、屋顶外遮阳必须按图施工，确保各项指标达到设计标准。

7.每个遮阳系统安装好，必须经过严格测试，确保符合设计要求。

8.打开包装后，首选检验遮阳系统的外观，确保无损伤才可安装；安装时轻拿轻放，避免遮阳系统外观受到损伤；安装好后，立刻清除外遮阳系统表面的污垢。

9.交付验收前，必须对整个建筑的遮阳系通进行整体测试，确保集控装置、遥控装置、感应装置及各种输变电器的正常运行。

工程案例

苏州低碳建筑示范项目、仁爱沂荷、南港新世贸、瑞安街·心之居、大安礼等。

生产企业

和椿科技1980年成立于台湾，主要生产自润轴承、线性传动零元件、驱动马达、自动控制、产业机器人、SMT后置程设备及LED、半导体制程设备，结合应用于建筑工程的自然排烟装置、隔震制震装置等；自2001年以来陆续荣获第十届国家磐石奖、第四届小巨人奖，第八届创新研究奖及2008年国家品质奖等。经过多年的耕耘，和椿已形成一个欢迎投资且可以与所有股东共享其经营成果的公开上市公司，并已于日本以及泰国设立海外据点及分支机构。

多年来，和椿科技致力于绿色建筑的自动化应用研究，并已成功开发一系列能降低能耗、舒适生活并符合节能减碳环保目标的“外遮阳百叶窗”产品。未来我们亦将秉持过去一贯的精神，对于日益严重的地球环境和能源短缺问题，研发出各种可解决这些问题的商品或技术。

4.1.4 采暖材料

电热地膜系统

DIAN RE DI MO XI TONG

中惠地热与美国杜邦公司及哈尔滨工业大学合作，攻克诸多技术难题，成功研发出中惠低热供暖系统，并获得21项独立自主知识产权，是目前唯一能够安全地安装在混凝土水泥砂浆层内的电热膜供暖系统，且施工工艺灵活。

中惠地热属柔性供暖高科技产品，该供暖系统由电热地膜、T形电缆、温度传感器、电缆线、温控器等组成。系统通电后产生远红外线波，利用建筑内部的顶面、墙面、地面及家具等密实物体，相互作用产生热量对室内空气进行均匀升温，这样独有的加温方式，不仅让人感觉室内温度均匀，空气清新，而且能够避免传统供暖产生的干燥、闷热以及因气流引起的室内浮灰。同时，系统加热时产生波长9.5微米的远红外线波，对人体有调节免疫、延缓衰老等作用，让用户在享受温暖的同时收获健康。

黑龙江中惠地热股份有限公司

黑龙江哈尔滨市开发区哈平路集中区征仪南路11号

电话：0451-86815555

传真：0451-86539898

适用范围

可以应用于学校、医院、商超等公共建筑，商品房、高档住宅、经济适用房等民用住宅，以及新农村建设等领域，具有广阔的应用前景。

产品规格

360mm（宽）×315（长）×0.95（高）

技术指标

按标准JG/T 286《中华人民共和国建筑工业行业标准》执行，具体如下：

单片尺寸：360（宽）×315（长）×0.95（高）

单片功率：20W/片、25W/片、30W±10%/片

功率密度：80～160W/m^2

额定工作电压：220W、50Hz

热转换率：99.68%

耐压强度：最高耐压可达3750V

抗拉强度：20kg

防水等级：达到IP×7

绝缘电阻：100MΩ

电磁辐射：电磁防护一级标准

热收缩率：＜2%

最高表面温度：中惠电热地膜工作时，表面最高温度不超过50℃。按照工艺规范安装的中惠电热地膜地毯供暖系统，不会因过热引起自燃。

使用环境温度：最高100℃，最低−40℃

透氧量：＜50

绝缘等级：E级

红外线辐射波长：9.5微米左右（工作温度下）

连接长度：9.45米≤30片

重量：0.16kg/片

使用寿命：大于50年

与其他类似产品金属发热体相比，中惠电热地膜阻燃性能大幅提高，电器性能更加稳定，无电磁辐射的可能性，且具有正温度系数特征，即随着温度系数的升高，发热功率降低，避免出现过热的危险性。

施工安装

中惠地热须安装在达到国家建筑节能65%标准要求的住宅建筑，达到国家建筑节能50%要求的公共建筑中。

用户需提供项目设计总说明、节能设计说明、平立剖面图门窗表、电气设计总说明、电气系统图、电气平面图等图纸。

工程案例

黑龙江生物科技职业学院等。

生产企业

中惠建厂始于1999年，是国内较早投入研发生产电热膜的企业，坐落在哈尔滨市平方高新技术开发区，致力于国家绿色生态采暖事业，依托领先技术和人才优势，自主研发了电热膜及相关技术应用，并首先将电热膜铺设于地下，目前无论成产规模和市场占有量都处在行业领先水平，董事长尹会涞有“电热膜采暖第一人”之称。

在中国电采暖行业中，中惠电热地膜低碳供暖系统被国家发展改革委员会确定为“国家高新技术产业化推进项目”，获得由国家科学技术部、国家税务总局、国家对外贸易经济合作部、国家质量监督检验疫总局、国家环境保护总局5个部委联合颁发的“国家重点新产品证书”。

经过十余年的市场开拓后，中惠地热已在摸索中建立了庞大而成熟的销售网络，依托经济、环保、节能、健康的产品，奠定了稳定而广阔的市场基础，得到来自于国内乃至全世界各地用户的肯定。

今日之中惠正在努力将自己打造成一个不断学习创新、超越自我的企业，一个踏实做事、稳健经营的企业，一个最终能为国家、社会、行业、员工创造价值的企业。

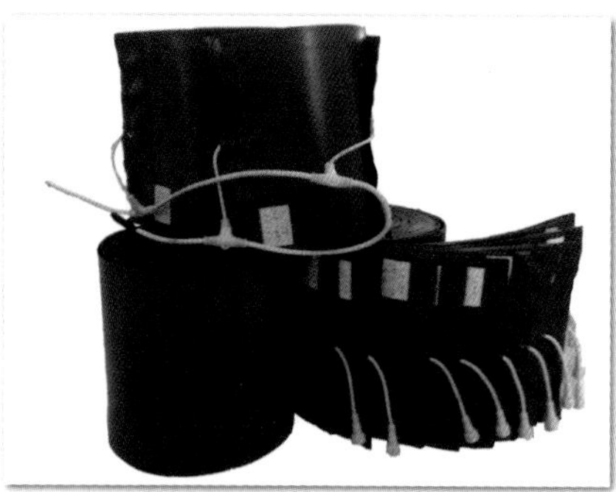

低温辐射电热膜供暖系统的电热膜片基材为PET特制聚酯膜，发热体为特制的具有导电特性并以碳为主要元素的混合物，附以银浆和导电的金属汇流条为导电引线，最后经热压下复合而成。电热膜的发热主要以辐射的方式散发热量，属低温辐射，它具有透射性，以红外线的形式向室内散发传递热能。其温度传感器及温控器对整个电热膜供暖系统进行智能控制，保证室内温度的稳定性。

包头市山川圣阳热能科技有限公司

地址：包头市东河区福义街27号

电话：0472–4145678

传真：0472–4141866

适用范围

山川圣阳低温辐射电热膜的用途可分为两大部分。其一是用于集中住宅、独立住宅和幼儿园、养老院、医院、宾馆等设施，主要是用作人类的生活空间的采暖设施，属于“对人”的用途。其二是用于农畜产业、园艺设施和多雪地带的道路采暖等，属于“非对人”的用途。在“对人”的用途中，重点在于采暖功能，因此又可细分为“主要采暖”“辅助采暖”“局部采暖”三类。

产品基本参数

使用电压220V，频率50Hz；

额定功率22W、25W、30W、35W等规格

基本尺寸（mm）：340×290

产品性能

本产品按JG/T 286《低温辐射电热膜》执行，重点指标优于该标准，具体指标如下：

1.正常工作条件下，输入功率与额定功率偏差不超过（−5～+10）。

2.稳定工作时表面温度不超过60℃。

3.从室温通电加热至稳定工作温度90℃时的时间不大于6min。

4.电热膜泄露电流不大于0.05mA。

5.施加50Hz，3750V的交流实验电压，2min不出现击穿和闪络现象。

6.电热膜的电–热辐射转化效率大于65%。

施工安装

1.地面找平、防水等隐蔽工程交接完毕。

2.货到现场通电检测，保证出厂产品正常。

3.绝热层要求：冷源地面，绝热效果等同于4cm挤塑板（30kg/m^3）；隔层地面，绝热效果等同于2cm挤塑板（30kg/m^3）。铺设要求满铺，错缝。

4.水泥砂浆保证3cm以上，实现显示蓄能，实现用电“削峰填谷”。

5.面层可用地砖或地板，地板要求地热专用地板。

6.铺设面层前，做系统通电检测，泄漏电流测试。

7.面层铺设完后，进行再次通电检测。

8.温控器在用户交房时交给用户，并培训其使用方法。

工程案例

包头市交警支队达茂旗满都拉中队、内蒙古桑根达来卫生院、内蒙古包头市北方阳光小区、包头市昆都仑水库办公楼和别墅等。

生产企业

包头市山川圣阳热能科技有限公司隶属于内蒙古山川企业集团，集电热膜研发及电热膜供暖系统设计、生产、销售、安装、服务于一体。

山川圣阳热能科技有限公司立足于国家暖通事业，引进国外先进生产设备，广泛吸收业内先进专业技术人才，大学专科以上学历的科技人员占企业职工总数的35%，其中研发人员占企业职工总数的15%。经过5年发展，公司现已成为国内较大的电热膜研发、生产基地，产年可实现电热膜1300万片的规模，年产值可达2.6亿元。公司对研发、生产、销售等各个环节严格管理，顺利通过CQC中国质量认证中心ISO9001–2008质量管理体系认证。

公司自主研发的低温辐射电热膜系列产品，运用高品位能源电能，实现冬季无水患、无污染气体排放的低碳、环保供暖。山川圣阳电热膜采用专利技术在同样供暖效果的前提下，实现比传统电热膜节能30%～40%，舒适度进一步提高；高分子真空封装技术工艺的研发，进一步保证了产品的安全特性。产品的节能、安全、舒适等特点均走在行业前列。

4.1.5 新能源材料

阳台壁挂分体式太阳能热水器

YANGTAIBIGUAFENTISHITAIYANGNENGRESHUIQI

分体式热水系统是由集热器、贮热水箱、循环介质、管路和附件组成。其工作原理为：阳光透过固定于南立面墙上的太阳能集热器，照射到真空管或平板吸热板上的选择性涂层上，辐射能转化为热能，通过传导，热量传递给循环介质，循环介质通过热虹吸作用或强制循环装置将热量与水箱内的水进行换热，如此不断地进行将热量传递，最终使水箱内水温升高。

济南宏力太阳能有限公司

地址：济南市高新区孙村办事处田家村工业园 77 号

电话：0531－58673107

传真：0531－88996383

适用范围

分体式太阳能热水器适用于安装在多层、小高层和高层住宅建筑上，能够与建筑很好地结合，是太阳能与建筑一体化的环保节能高端产品。

产品规格

产品型号	能效等级	能效系数
P–J–F–2–80/1.63/0.6–YH	2 级	0.43
Q–J–F–2–80/1.59/0.6	1 级	0.45
P–J–F–2–100/1.85/0.6–LT	1 级	0.46
P–J–F–2–100/1.85/0.6–YH	1 级	0.46
P–J–F–2–100/1.85/0.6	1 级	0.50
P–J–F–2–100/1.88/0.6	2 级	0.36
P–J–F–2–200/3.70/0.6	1 级	0.64
P–J–F–2–250/3.70/0.6	1 级	0.81
Q–B–J–1–120/2.1/0.05	1 级	0.56
Q–B–J–1–135/2.4/0.05	2 级	0.49
Q–B–J–1–225/4.0/0.05	1 级	0.52

技术指标

该产品太阳能热水器执行的国家标准：GB 4706.1《家用和类似用途的电器安全》、GB 4706.12《家用和类似用途的安全储水式热水器的特殊要求》、GB/T19141《家用太阳能热水系统条件》，具体如下：

1. 宏力承压式分体式太阳能热水系统的日间得热量≥ 7.0MJ/m^2；

2. 平均热损因数≤ 16W/(m^3 · K)；

3. 能效等级为 2 级以上。

声明：若后期产品因工艺改进产品尺寸等发生变化，请以实物为准，恕不另行通知。

U 形真空管式自然循环壁挂分体太阳能热水器指标：

常规型号	Q–J–F–2–80/1.59/0.6	Q–J–F–2–100/1.85/0.6
循环特点	自然循环	自然循环
集热器形式	U 形管式	U 形管式
真空管规格及数量	ϕ 58×1800×12	₵ 58×1800×14
集热器尺寸	1920×1012×90	1920×1168×90
轮廓采光面积	1.59m²	1.85m²
水箱容量	80L	100L
水箱尺寸	ϕ 450×960 或	—
ϕ 470×1060	ϕ 450×1140 或	—
ϕ 470×1160	—	—
水箱额定压力	0.6MPa	0.6MPa
电加热功率	220V ～（±10%），50Hz 1500W	220V ～（±10%），50Hz 1500W
参考洗浴人数	2 ～ 3 人	2 ～ 3 人

平板式自然循环壁挂分体太阳能热水器指标：

常规型号	P–J–F–2–80/1.63/0.6	P–J–F–2–100/1.85/0.6
循环特点	自然循环	自然循环
集热器形式	管板式	管板式
集热器尺寸	2230×800×90	2500×800×90
轮廓采光面积	1.63m²	1.85m²
水箱容量	80L	100L
水箱尺寸	ϕ 450×960 或	—
ϕ 470×1060	ϕ 450×1140 或	—
ϕ 470×1160	—	—
水箱额定压力	0.6MPa	0.6MPa
电加热功率	220V ～（±10%），50Hz 1500W	220V ～（±10%），50Hz 1500W
参考洗浴人数	2 ～ 3 人	2 ～ 3 人

施工安装

安装时最好三人合作，为了安全，安装人员应戴上手套，准备好螺丝刀、扳手、手钳、盒尺、电锤等工具，按以下流程安装：安装集热器——安装水箱——安装管路（包括集热回路和水路）——安装电路——试水试电——加注介质——保温——验收交付使用。

工程案例

安徽池州书香铭邸、博瑞新村、青岛风情蓝岸、苏州嘉盛花园、日照中煤花园、烟台万科假日风景、正阳花园、银川塞上骄子、烟台融科林语、邯郸金泽源、河南安阳桂花苑、合肥大溪地、中卫天莉花园、中铁置业、安徽池州书香名邸、哈密丽景国际。

生产企业

济南宏力太阳能有限公司为国内较早专业从事太阳能与建筑一体化研究的企业之一，公司坐落于济南市高新开发区，占地 50 亩，生产车间 10000 平方米，专业从事分体壁挂太阳能产品的研发、生产和销售工作。公司为国内较早专业从事壁挂太阳能研发和生产的企业之一，是 U 形管壁挂太阳能企业的创始者，目前已经发展到第四代产品。

公司聚集了一批国内外分体式、承压式太阳能的专家。近几年，公司在总结了国内外产品技术的基础上，结合国内消费水平和住宅特点，开发了性能可靠、质量稳定的系列分体壁挂太阳能产品，该系列产品克服了国内分体太阳能的诸多难题，实现了分体太阳能性能、质量的全面升级。

公司从 2004 年开始和欧洲知名太阳能应用企业——西班牙 UNICSUN 公司合作，进行出口承压式、分体式太阳能的加工。由于我公司技术的领先性和生产的规模化，深得国外客户的喜爱。目前公司为西班牙 UNISUN 公司和加拿大 LEKSUNY 公司的国内定点采购厂家，产品畅销欧洲十一个国家。

4.2 节水
4.2.1 节水系统

模块化同层排水节水装置
MOKUAIHUATONGCENGPAISHUI JIESHUIZHUANGZHI

模块化同层排水节水系统是指将卫生洁具的排水横支管集成模块化，集同层排水与废水收集、储存、过滤、回用冲厕为一体的节水装置系统，单户分质排水处理工艺创新，产品功能模块标准制作且高度集成及主体模块制作工艺创新，填补了国内户内再生水处理和无管网回用的空白；是对室内排水系统的重大结构改变和创新，国内首创，达到了国内领先水平。解决了当前卫生间排水系统存在的“漏、臭、堵、噪音、污染和浪费”质量通病，节约用水量高达生活用水总量的30%以上，并减少等量排污；产品及生产过程环保节能，符合国家节能减排政策和节能环保型住宅产业化的技术政策，被建设部列为“十一五推广技术公告推广”项目，目前，已经在新疆、山东、河北、安徽、河南、山西等地推广应用。

适用范围

适用于全国各地新建、已建或改扩建住宅、宾馆、公寓、宿舍、办公楼、公共建筑的卫生间的排水以及节水。

侧立式同层排水节水系统

下沉式同层排水节水装置装修效果图

模块化同层排水节水系统（下沉式）

濮阳市明锐建筑节能科技有限公司

地址：濮阳市大庆路298号

电话：0393-4817629

传真：0393-4817629

产品基本参数

1．下沉式规格：宽度500mm，厚度200mm，长度依据卫生间器具布置在1600～2000mm之间取值。

2．侧立式规格：600（宽）×180（厚）×1600（高）。

产品性能

本产品按Q/PMJ 001、DBJ41/T 083《模块化排水节水系统应用技术规程》执行，具体指标如下：

1．洗衣机插口排水能力：≥ 30L/min；

2．马桶排水插口排水能力：通球顺利；

3．器具间排水影响：无影响；

4．管槽承压能力：≥ 3000N；

5．系统水封深度：≥ 50mm；

6．同层敷设，清扫口设于本层地面，无渗漏，地漏无返臭；

7．自动控制废水的收集、处理和回用，节水率高达生活用水总量的 30% 以上，并减少等量污水排放；

8．自动清洗、排空；自动保洁消毒功能，处理后水质 pH 为 6 ～ 9；

9．排水设计参数取值按照现行《建筑给排水设计规范》要求。

施工安装

土建施工技术要求：

1．结构降板：自卫生间装饰完成瓷砖地面至结构板顶不少于 350mm；

2．留墙槽：墙体自控器安装预留槽，用于埋设穿线管和安装控制器。如在剪力墙上要预留预埋，如在隔断墙上可直接在安装时切槽。

3．楼板预留方洞：立管穿楼板部位要留 400×400 方洞，一楼单出户及双立管预留 450×450 方洞。洞口下部钢筋不要截断。

水电施工安装要求：

1．电线埋管要到墙槽顶端，给一个带地线的 220V 电源；线粗同洗衣机插座。出线盒由工程配设，自控器保护盒由模块生产厂配发。

2．给水安装要预留坐便器给水管路接口，后期安装时做给水水路。模块生产厂提供电磁阀配件；水路管材管件由建设方负责。

工程案例

铜冠花园、众成·格林星城、中原油田 2008 年经济适用房工程、山东聊城月亮湾小区等。

生产企业

濮阳市明锐建筑节能科技有限公司创立于 2004 年 10 月，注册资本 100 万，是专门从事建筑节能技术服务、技术咨询、技术开发、技术转让，以生产、销售、安装节能节水产品为主的高新技术企业。

公司以国家发明专利“厨卫给排水横支系统分离汇水装置”（专利号 ZL02122992.9）为技术核心开发了“模块化排水节水系统”——同层排水和户内中水回用一体化新型健康环保排水系统，达到国际领先水平。公司自主研发的“模块化同层排水节水系列装置”为高新技术产品，被建设部认定为“国家康居示范工程选用部品与产品”，2011 年被中国房地产研究会技术产业委员会列为“全国低碳之星部品”；2009 年被全国工商联合精锐住宅科技基金奖励委员会列为“绿色技术产品优秀奖”。公司与中原石油勘探局勘察设计研究院、湖南大学等科研机构，自 2009 年 3 月开始进行国家工程建设标准《模块化同层排水节水系统应用技术规程》的编制工作，目前已经完成全部编制工作及相关测试，预计 2012 年 8 月此标准被批准实施。

4.2.2 给排水管网材料

衬塑（PE）复合钢管

CHENSU(PE)FUHEGANGGUAN

唐山正元衬塑(PE)复合钢管内壁毛刺和锌镏用去内毛刺机和喷砂机除掉后，通过我公司特殊技术处理，使钢管内壁更加光洁，解决了粘合后塑料管起皱，易脱胶等问题，再将涂好胶的PE、PE-X塑料管通过穿管机穿入其中，输送到超音频加热定型，冷却后进行后处理。

唐山正元管业有限公司

地址：唐山市丰南沿海工业区

电话：15930558801

传真：0315-8580801

适用范围

生活饮用水的输送系统。

产品规格

DN15 ~ DN 200mm

技术指标

产品执行GB/T 28897和CJ/T 136标准，

施工安装

1．切割：

A．切锯钢塑管时，切勿令管材变热，不正当的处理和切锯会引起偶然性的发热导致变形和PE管与钢管分离。

B．锯片应与管材轴线垂直，切面不平整会导致绞牙后的螺纹不符合管子螺纹标准(英标BS21)。

C．应选用自动带锯机式自动金属切锯机。切勿使用牙机(咭打机)、高速吵轮切割机、气体切割器和电焊切割器。

2．绞牙：采用自动绞牙机及自动板头按管子标准(英标BS21)绞牙，用标准牙规检查螺纹是否正确。

3．斜切：用刮刀去除PE管端披峰，并斜切PE管内缘至PE层厚度的1/2，以便安装。

4．清洗：用清水清洗并抹去残留在螺纹式管道内表面的切割油式碎屑。

5．防锈剂：在管端表面及螺纹区统一涂上防锈剂，如使用密封带时，也要先涂上防锈剂后才缠上密封带。

6．接合：用手把管件上紧后，用管板手和管钳按相关标准拧紧。

7．修补表面：接合后，涂上防锈剂于外露螺纹部分及钳痕和表面损伤的地方。

8．清洗管道：安装完毕后，用水冲洗管道内碎屑和其他物质。

注意事项：

1．运输：在运输、装卸和安装过程中切勿剧烈撞击、抛摔钢塑复合管，因振荡可能会损坏 PE 塑料管。如复合管曾被撞击，在使用前请检查复合管，复合管因受冲击而使 PE 内层变形的，请将损坏的部分切除。

2．库存：切勿让钢塑复合管暴晒于阳光下，或极寒和温差变化大的环境里。复合管应贮藏在平坦地方，如放置室外请盖上帆布。

3．化学品：钢塑复合管不适用于输送某些化学品如二硫化碳、芳香烃、稀释剂、四氯化碳、酮、乙醚，以避免 PE 管出现软化和侵蚀现象。

4．火源：切勿直接用火解冻复合管和配件，解冻时应使用热水、电或蒸汽解冻机。

工程案例

武汉天然气工程、天津市东丽区饮水改造工程、唐山市丰南区政府新区工程、北京大兴区供水工程等。

工程照片 1

工程照片 2

工程照片 3

生产企业

唐山正元管业有限公司成立于 2010 年 3 月 1 日，位于唐山市丰南区沿海工业区，为天津友发集团的子公司。天津友发集团被国家统计局评为 2006 年中国制造业 500 强，被中国企业联合会、中国企业家协会评为 2006 年中国企业 500 强。公司现有员工近 1000 人，各种中高级技术管理人员六十余人，下辖多个分厂，12 条热镀锌钢管生产线、3 条钢塑复合管生产线、3 条挤塑生产线。产品涵盖热镀锌直缝焊管、钢塑复合管、PE、PPR 管。公司年热镀锌钢管生产能力约 100 万吨，钢塑复合管 15 万吨，为目前国内大型热镀锌钢管和钢塑复合管生产厂家。

几年来，公司坚持以技术创新为动力，研究新技术，开发新产品，强化内部管理，提高产品质量，规模迅速扩大。“正金元”牌热镀锌钢管、钢塑复合管已通过 ISO9001：2000 国际质量体系认证，2012 年被唐山市评为“中小企业名牌，河北省优质产品”。产品畅销全国各地，并出口欧盟、澳大利亚、韩国、新加坡、印度、埃及等十余个国家。产品广泛用于水、燃气、采暖蒸汽等低压流体输送用、消防用和支架、大棚等结构用管。

PE管材管件 塑料检查井

PEGUANCAIGUANJIANSULIAOJIANCHAJING

我公司生产销售塑料管材、管件、检查井等塑料制品。产品采用HDPE塑料合成树脂，运用注塑、挤出等高效的设备及先进的模具，一次成型。产品质量达到国家标准。产品具有韧性、挠性，耐腐蚀性能好，可耐多种化学介质的侵蚀，不需防腐处理，内壁光滑不结垢；使用寿命长、耐低温能力强。产品的低温脆化温度极低，可在环境温度40℃至-40℃温度范围内使用，具有连接方便、施工简单、环保安全，卫生清洁等特点。

山东文远建材科技股份有限公司

地址：山东淄博高新区鲁泰大道51号高分子材料产业创新园A座10楼

电话：18853342466

传真：0533-8170282

适用范围

产品被广泛应用于市政建设、城建小区、农田灌溉等领域，适用于温度不超过40℃的压力输水，以及饮用水的输送和污水排除。

检查井施工

技术指标

按 CJ/T 233《建筑小区排水用塑料检查井》、CECS227《建筑小区塑料排水塑料检查井应用技术规程》、CJ/T 326《市政排水用塑料检查井》、08SS523《建筑小区塑料排水检查井》执行，具体如下：

<table>
<tr><th colspan="4">项目</th><th>性能</th></tr>
<tr><td colspan="4">断裂伸长率，%</td><td>＞350</td></tr>
<tr><td colspan="4">纵向尺寸回缩率（110℃），%</td><td>≤3</td></tr>
<tr><td colspan="4">氧化诱导时间（200℃），min</td><td>≥20</td></tr>
<tr><td rowspan="4">静液压强度</td><td rowspan="2">20℃，100h</td><td>塑料 80</td><td>塑料 100</td><td rowspan="4">不破裂，不渗透</td></tr>
<tr><td>9.0 MPa</td><td>12.4 MPa</td></tr>
<tr><td>80℃，165h</td><td>4.6 MPa</td><td>5.5 MPa</td></tr>
<tr><td>80℃，1000h</td><td>4.0 MPa</td><td>5.0 MPa</td></tr>
<tr><td colspan="2">负荷试验</td><td colspan="2">静载 15kN</td><td>无破裂，裂缝</td></tr>
<tr><td colspan="2">负压实验</td><td colspan="2">常温下，负压 0.03MPa</td><td>无破裂，裂缝</td></tr>
<tr><td colspan="2">落锤冲击</td><td colspan="2">2.5m 高，1kg 重，dn90 型落锤</td><td>无破裂，损害</td></tr>
<tr><td colspan="2">密封试验</td><td colspan="2">连接后，承压 0.05Mpa</td><td>不渗漏</td></tr>
<tr><td colspan="2">环刚度，kN/m^2</td><td colspan="2">—</td><td>S1≥4</td></tr>
<tr><td colspan="2">环柔性</td><td colspan="2">压扁外径 20%</td><td>不龟裂，分裂、破坏
两壁不脱开</td></tr>
</table>

工程案例

夏津县农村供水管理处、上海琰瑞建筑材料有限公司、天津中联水泥制品有限公司、乌鲁木齐大业天昕商贸有限公司、无锡正林建材有限公司、青岛东方永信商贸有限公司、山东博瑞通塑业有限公司、中国科技陶瓷城、潍坊世界风筝都纪念广场、河北唐山迁安政府、东营新世界广场、威海海滨广场、河南洛阳万达广场；辽宁沈阳金地盛世小区、榆林西沙机场、西安曲江公园、辽宁沈阳金地盛世小区、郑州郑东新区、赤峰华信小区、东营观音道场、贵阳花溪别墅、临朐华铝明都、临沂塞纳波菲、蚌埠海亮一二期工程室外排水、黄骅中学、东营同泰花园、聊城宝龙花园、滨州阳光小区等。

生产企业

作为目前中国塑料检查井设计、生产领域的佼佼者，山东文远不断加大科技投入力度，提升自主研发与创新能力，始终保持与国内知名塑料检查井企业及专业科研院所通力合作，实现着由中国制造到中国创造的飞跃，在持续提升产品空间的同时，更延伸出良好的品牌形象和信誉评价，已经成长为一家真正具备自主知识产权的高新技术企业。

公司以“让传输更安全”为核心价值体系。文远的恒心，激励着每一位心怀梦想的研发人员不断研发行业新的领先技术，不断取得各项新专利成果。山东文远作为技术领先型公司，连续多年通过中国及美标、澳标、欧标的严苛检测以及 CE 认证，所生产的 PE 管材、管件、塑料检查井等系列产品均达到国内领先水平。

PP-R（Poly Propylene Random，无规共聚聚丙烯）是由丙烯与另一种烯烃单位（或多种烯烃单位）共视共聚而成，是目前广泛应用的管道材料，具有优越的综合理化性能。

广东雄塑科技集团股份有限公司融合自己在材料、建筑给排水和建材市场的专业知识，为现代住宅、商业和公共建筑提供高品质的环保新型 PP-R 管道系统。

“雄塑”牌 PP-R 环保精品家装管与 PVC-U 饮用水管、HDPE 饮用水管相比，最大优点在于其同时适用于冷热水管，正常情况下在 70℃ 下可连续使用 50 年。另外 PP-R 原料为聚烯烃，其分子仅由碳、氢组成，卫生无毒。

广东雄塑科技集团股份有限公司

地址：佛山市南海区九江镇龙高路墩根路段雄塑工业园

电话：13531916202

传真：0757-81868081

适用范围

适用于冷热水供水系统，中央空调系统，采暖系统（包括地板、壁板的采暖及辐射采暖系统），化学液体输送管道系统，纯净水管道系统。

技术指标

按国家标准 GB/T 18742.2、GB/T 18742.3、CJ/T 210 执行，卫生指标符合卫生部《生活饮用水输配水设备及防护材料卫生安全评价规范》（2001）要求执行。

施工安装

产品连接要点：

1．“雄塑”牌PP−R环保精品家装管材、管件采用热熔连接，安装时使用专用热熔工具。暗覆于强体内。地面下的PP−R环保健康饮用水管材、管件不得采用丝扣或法兰连接。

2．“雄塑”牌PP−R环保精品家装管材与金属管材连接，应采用带金属的PP−R管件作为过渡，该管件与塑料采用热熔连接，与金属管件采用丝扣连接。

3．热熔连接施工必须使用本公司提供的热熔工具，以确保熔接质量。熔接施工应严格按规定的技术参数操作，在加热和插接过程中不能转动管材和管件，应直接插入，正常熔接在综合部应形成有一均匀的熔接圈。

4．施工后须经试压验收后方能封管及使用。

工程案例

广州汇侨新城花园、广州市中信广场、广州市赛马场、广州市金碧花园、广州珠江半岛花园、广州市新白云机场、广州市保利丰花园、广州市花都南航碧花园、广州市花都雅居乐花园、广州市花都九龙潭高尔夫花园、广州市花都芙蓉山庄、广州市新塘紫云山庄、广州市新塘牛仔城、广州大学城、深圳世界之窗、深圳华侨新城、深圳观兰高尔夫俱乐部、深圳市城市花园、深圳君悦龙庭、湛江市锦绣华景、湛江市明景花园、东莞新世纪豪园、惠州大亚湾核电站、惠州市奥林匹克花园、惠州市海燕玉兰花园、柳州市蓝色港湾、柳州市欧雅城市广场、北京奥林匹克花园、北京珠江绿洲花园、北京豪柏国际公寓、北京金桥国际公寓、上海地铁2号线、上海浦东新机场、合肥市火车站大楼、天津市凯旋门大厦等。

生产企业

广州雄塑科技集团股份有限公司位于千年古都、商贸之都——佛山南海，其前身是广东雄塑科技实业有限公司，于2013年6月整体改制，集团下设广西雄塑科技发展公司、广东雄塑科技实业（江西）有限公司、河南雄塑实业有限公司三家全资子公司，拥有广东南海、广西南宁、河南新乡、江西宜春四大生产基地，销售网点遍布全国。

“雄塑”品牌创立于1996年，是国内新型化学建材的知名品牌，2012年荣膺首批“中国企业四星品牌”。公司是“中国塑料加工工业协会副理事长单位”和“广东塑料工业协会副理事长单位”，公司早于2000年就通过了多项省部级科学技术成果鉴定，先后参与编制了多项塑料管道产品及安装设计标准，有力促进了新型化学建材的推广应用。公司于2000年通过了ISO9001质量管理体系认证，而后成为行业首家通过“中国环境标志产品认证”的企业，在此基础上又取得了“ISO14001环境管理体系认证”“新华节水产品认证”等一系列资质。

公司产品主要包括建筑用给排水管材管件、市政给排水（排污）管材管件、地下通信用塑料管材管件、采暖管、电工套管、高压电力电缆护套管等系列共6000多个品种。产品规格齐全，品质优良，先后被评为“广东省名牌产品”“质量信得过产品”和“全国质量稳定合格产品”，深受用户好评。公司产品广泛应用于保障性住房建设、农村饮水安全工程、污水处理工程、智能电网、通信网络等国家产业政策大力扶持的相关领域，是国家“实现产业转型升级，走新型工业化道路”的积极响应者和忠实履行者。公司认真贯彻“质量第一、精益求精求发展；顾客至上、用户满意为宗旨”的质量方针，严格控制产品质量，用心为客户服务，先后获得“全国顾客满意品牌”“全国最具市场潜力品牌”“全国售后服务行业十佳单位”等荣誉。

公司自创立以来，一贯注重产品研发，属高新技术企业，拥有一批具有硕士、博士学历的高水平技术及管理人才，组建了“企业技术中心”和“工程技术研发中心”。公司将不断完善创新体系，提升技术水平，打造核心竞争力，立足华南，面向全国，走向世界，把公司建设成为中国新型塑料建材行业的现代化标杆企业。

铝合金衬塑复合管材管件 PB管材管件

LVHEJINCHENSUFUHEGUANCAIGUANJIAN
PBGUANCAIGUANJIAN

1．铝合金衬塑复合管

京青牌铝合金衬塑复合管，是东大海康管业开发的新型管材，是采用独特技术将专用铝合金管与热塑性塑料管通过预应力复合而成的两层结构的管材。铝合金衬塑复合管是双层结构，外层为铝合金管材，内层为指定塑料管材，经特殊工艺复合成型。该产品既具备了塑料管卫生、耐腐蚀、导热系数小、输送性能好的优点，同时，由于外部包覆了铝合金防护层，又克服了塑料管表面硬度低、刚性差、线膨胀系数大、耐紫外线照射能力差、易老化的缺点，是一种具有长期免维护的轻质刚性管。和传统的钢管相比，该产品大大节省了安装劳动力费用和设备材料投资，还降低了运行维护费用并延长了使用寿命。

2．聚丁烯（PB）管

聚丁烯（PB）管耐热蠕变性能优异，长期高低温性能俱佳，被塑料管道行业誉为“塑料黄金”。产品在95℃的情况下可以长期使用，最高使用温度可达110℃，并有良好的耐环境应力开裂性，且管材质量轻、柔韧、抗冲击性好，是建筑采暖系统尤其是高温散热片采暖系统的管道首选产品，也是建筑冷热给水系统的高档化象征。

北京东大海康管业有限公司

地址：北京市大兴区北臧村镇皮各庄东300米

电话：18801230139

传真：010-60276097

适用范围

1．铝合金衬塑复合管

（1）冷热水、直饮水管连接专用；

（2）散热器采暖管专用；

（3）管道井专用；

（4）空调管道系统等。

2．聚丁烯（PB）管

（1）地板辐射采暖；

（2）暖气散热片连接、冷／暖饮用水输送等。

技术指标

1．铝合金衬塑复合管

按国家建设行业标准 CJ/T 321 执行。

2. 聚丁烯（PB）管

按中华人民共和国国家标准 GB/T 19473.1、GB/T 19473.2、GB/T 19473.3 执行。

工程案例

1. 铝合金衬塑复合管材管件

军事科学院科研培训中心（北京）、武警河北省总队指挥中心（石家庄）。

2. 聚丁烯（PB）管材管件

万达公馆（山东）、万达公馆（湖南）、奥运村（北京）、胜利油田胜利花园。

万达广场

生产企业

北京东大海康管业有限公司注册资金 1008 万元，是一家集塑料管材、管件研发、制造与营销为一体的生产型企业。公司专业从事塑料管材管件生产制造和地暖工程设计、安装和服务。公司成立以来始终致力于为用户提供优质、完善的产品和服务。

本公司是中国塑料加工协会、国家地暖协会、北京市地暖协会、天津市建材协会会员单位。企业已通过 ISO9001：2008 和 ISO14001 质量、环境管理体系认证。

北京东大海康管业有限公司坐落于北京市大兴区，交通十分便利。公司生产制造 PB、PE-RT、PP-R 管材、管件；管材有纯塑管、阻氧管、铝合金衬塑管三大系列。产品全部采用世界优质原材料，已通过国家化学建材测试中心检测，已完成了 8760 小时热稳定试验和 5000 次冷热循环试验；产品由中国人民保险公司承保。本公司产品立足于北京，销售网络遍及华北、华东、西北、东北、中原地区等二十余省、市、自治区。

本公司的宗旨是“以诚待人，信誉为本，品质至上，合作双赢”。用户的信任和满意是我们目标。

4.3 节材
4.3.1 高耐久装修材料
4.3.1.1 金属幕墙板

A2级防火铝复合板
A2JIFANGHUOLVFUHEBAN

本产品是以天然无机材料为芯层、两面为铝材的三面复合板材，并在产品表面覆以装饰性和保护性的涂层或薄膜作为装饰面。

江苏协诚科技发展有限公司
地址：江苏省淮安市金湖县经济开发区理士大道南端
电　话：0517-86856800
传　真：0517-86856700

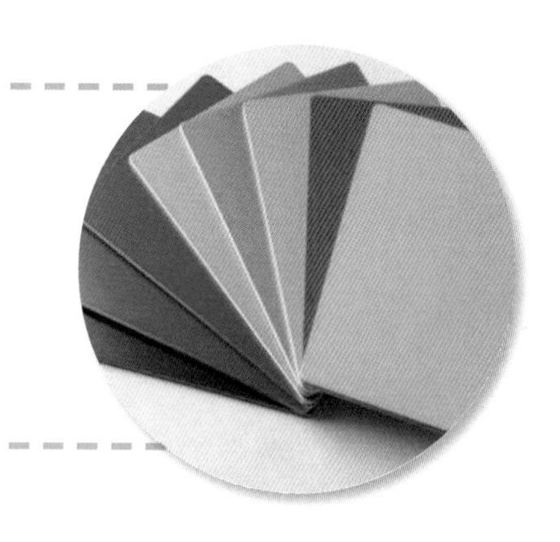

产品规格

总厚度（T）	宽度（W）	长度（L）
3 ~ 6mm	800 ~ 1600mm	5000mm 以内
表面涂层		芯材
氟碳树脂（PVDF）、聚酯树脂（PE）仿大理石、木纹表层		防火型 A2 级天然无机材料

产品性能

本产品按 GB 8624《建筑材料及制品燃烧性能分级》执行，检测防火等级达到 A2 级，产品其他性能符合 GB/T 17748《建筑幕墙用铝塑复合板》的要求。

施工安装

1．切割：切割 A2 级防火铝复合板建议使用高品质电动工具及合格硬质合金刀片，作业前将板材固定在平稳的台面上，确认好尺寸，进行切割，切割后注重断面的质量，确定作业成品是否合格。

2．成型：刨槽作业后，可自制模具将板加工成 90 度折弯，与设计图纸要求相符。折弯的角度要求为直线，角的大小要一致。折弯立面高度要求在 20mm 以上，使角部分与密封胶有足够的结合空间，方能达到更好的防水效果和其他性能。铆钉连接部位到立面终端距离为 10 ～ 15mm。单板体积较大的，在安装过程中为防止板材受损，建议使用橡皮或 PVC 产品来防止产品受损。

3．开槽：在 A2 级防火铝复合板开槽过程中，对于开槽的角度及深度，根据国家对铝质外墙转角厚度规范作业或征求设计师意见。在工程量大的情况下，建议采用专用机械设备和平台，提高开槽质量及作业效率。

工程案例

Mulk Holdings FZG （迪拜）、MIKADO（俄罗斯）、Alubond Europe Doo （塞尔维亚）、三峡工程、沈阳市全运会工程、上海华源等。

生产企业

江苏协诚科技发展有限公司于 2006 年 1 月由江苏阿路美格建材有限公司和俄罗斯鄂木斯克工厂保温管道有限公司合资兴建，总投资 1.2 亿元。本公司集科技、研发、环保、生产、销售、管理一体化，是具有现代化创新性的国际专业化生产企业。2008 年以来，公司通过了 ISO9001-2008 认证和 CE 认证，年年被评为江苏省 AAA 级信用企业。企业被国家认定为高新技术企业和江苏省创新型企业。

公司成立以来，秉承“以人为本，以诚铸信；创新发展，追求卓越”的企业精神，不断加大科技投入，全面执行质量管理，积极实施技术改造和创新，先后通过国家专门机构检测和住建部科技鉴定。“无机芯材 A2 级防火铝复合板”填补了国内空白，是铝塑复合板的升级换代产品，并通过欧盟 A2 防火等级检测，达到了国际先进水平。2009 年“无机芯材 A2 级防火铝复合板”及其生产设备被评为江苏省高新技术产品；2011 年该产品被评为“国家重点新产品”。

铝塑复合板

LV SU FU HE BAN

上海吉祥铝塑复合板是一种新型的装饰材料，具有许多无可比拟的优越性。产品通过复合可获得许多原组分材料所没有的新性能是一种高新技术产品，无论生产还是应用，都含有很高的技术含量。主要特点如：质量小、刚性好、色彩丰富、平整度高、耐久性好、加工性好、防火性能高、成本特性好、环境协调性好，用途广泛。

上海吉祥塑铝制品有限公司

地址：上海市松江区松蒸公路 2188 号

电话：021-57750077

传真：021-57752951

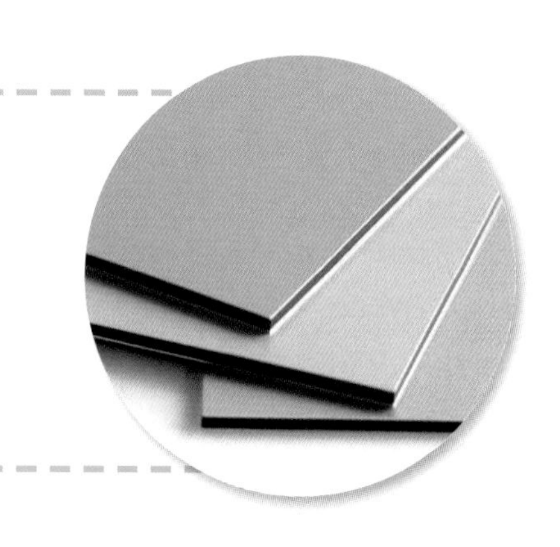

适用范围

建筑幕墙、室内外装饰、旧楼改装或翻新、看板、标识牌、广告招牌、通道、隧道内墙、围墙、阳台、室内隔间、车辆内外装修。

产品性能

本产品按 GB/T 17748 和 GB/T 21412 执行。

施工安装

弹线→防潮层安装→龙骨安装→基层板安装→饰面板安装

工程案例

深圳报业大楼、上海华夏金融广场、壮京富凯大厦、上海 F1 国际方程式赛车场、北京会计师培训中心、虎门港海关办公大楼、山东体育学院办公楼、吐鲁番国际大酒店、浙江精动大厦、南京电视台演播中心、湖南贺龙体育馆。

合肥万达广场装饰工程

马来西亚银思科酒店铝塑板装饰工程

上海虹桥交通枢纽应用工程

上海世博会法国馆应用工程

重庆国际博览中心装饰工程

重庆农牧科技大楼装饰工程

生产企业

上海吉祥塑铝制品有限公司是中国吉祥集团下属公司，是一家专业从事高科技内外墙建筑装饰板的生产、科研、贸易、服务于一体的经济实体，拥有雄厚的技术力量、先进的生产工艺和检测设备以及完善的科学管理体系。公司拥有大型铝塑复合生产流水线 11 条，主要生产铝塑复合扳、天然花岗岩和天然木纹板，年生产能力 500 万张，现已发展成为国内同行业的领先企业。销售网点遍及全国各大中城市，产品广泛应用在各种大型建筑之中并受到用户的一致好评。公司自成立以来，始终坚持高起点、超常规的发展思路，以卓越的品质和完善的服务来赢得广大客户的赞赏和信赖。

上海世博会新加坡馆应用工程

上海世博会新西兰馆应用工程

铝塑复合板简称铝塑板，是由经过表面处理并用涂层烤漆的铝板作为表面，聚己烯塑料板作为芯层，经过一系列工艺过程加工复合而成的新型材料。铝塑板是由德国的阿卢辛根公司（ALUSINGEN）最先研制生产的，后经过荷兰富克航空公司（FORKEN）与美国铝业公司（ALOCA）的改进，20世纪90年代后，产品质量逐渐稳定，达到了较高的水平，由于铝塑板是由性质截然不同的两种材料（金属与非金属）组成，它既保留了原组成材料（金属铝、非金属聚己烯塑料）的主要特性，又克服了原组成材料的不足，进而获得了众多优异的材料性能。

我公司生产的建筑铝塑复合板，在达到国家关于铝塑板性能要求的前提下，同时又具有极强的自洁和立体效果，其自洁效果主要体现在：建筑外墙用铝塑板表面的灰尘在雨水的冲刷下，可以自然除去，不需要人工专门清洗；立体效果可以在装饰用板中体现，它可以给设计师三维的效果感受，使装饰效果在原来的基础上大大提升。

张家港飞腾铝塑板有限公司

地址：江苏省苏州市张家港市金港镇后塍工业开发区

电话：0512-58786525

传真：0512-56797796

适用范围

1.大楼外墙、帷幕墙板。

2.内装面板、展示台架。

3.旧的大楼外墙改装和翻新。

4.阳台、设备单元、室内隔间。

技术指标

按铝塑板国家标准：GB/T 17748和GB/T 22412执行。

产品规格

1．标准尺寸：厚度（T）：2mm、3mm、4mm、5mm、6mm、8mm。
宽度（W）：1220mm、1250mm、1500mm、2000mm。
长度（L）：2440mm、3050mm。

2．特殊尺寸规格可按客户需求定做。

3．表面涂层：氟碳树脂（PVDF），聚酯树脂（PET）以及其他仿大理石、仿木纹表层。

4．芯材：防火阻燃芯材，高压低密度聚乙烯（PE）等。

施工安装

1．采用钢质龙骨作为固定支架，板材开槽折边后，使用铆钉固定，板块之间留有1cm左右拼缝，用硅酮胶封闭。

2．采用钢质或木材作为龙骨，采用黏胶进行无缝粘贴方式施工。

工程案例

北京广播学院教学综合楼、波司登门店、中国传媒大学、中国核工业研究所等。

生产企业

张家港飞腾铝塑板有限公司坐落于经济发达、交通便利的中国新兴港口工业城市张家港市，是国内较早专业从事铝塑复合板研发与制造的骨干企业，现为中国建材协会铝塑复合材料分会副理事长单位。

张家港飞腾铝塑板有限公司总投资5000万元，工厂占地面积5万平方米，拥有员工300多人。公司引进了全套国际先进的德国技术生产线，年生产各种规格的铝塑板380多万平方米，其生产规格和产品品质均居业内领先地位。作为中国铝塑板制造的先行者之一，公司参与了铝塑板国家标准的起草与制定。“飞腾牌”铝塑板也以“国家免检产品”“CTC认证产品”及“中国知名优质品牌”的资格畅销世界各地，产品的各项性能指标通过国家检测中心的检测后，均达到美国ASTM标准，通过ISO9001标准质量体系认证和ISO14001环保认证，并获得国际CE认证和SGS认证。一直以来飞腾铝塑板公司恪守以客户为中心的营销理念，将客户的利益视为最高原则，本着产品与国际同质化、价格区域差异化、为用户创造价值最大化的宗旨，与客户建立长久稳定的战略伙伴关系，并凭借遍及全国50多个服务网点，为客户提供快捷、周到的服务。

建筑装饰用铝单板

JIANZHUZHUANGSHIYONGLVDANBAN

采用优质铝合金板材为基材，经钣金加工成型，并在表面喷涂装饰性氟碳涂料的一种新型装饰材料。根据用途可分为：室外用、室内用、吊顶用等。

河南宏基幕墙制造有限公司

地址：河南巩义市回郭镇民营科技园区

电话：0371-64231888

传真：0371-64259922

适用范围

产品主要用于学校、体育场馆、医院、高速收费站、消防、地铁、银行、酒店等多个领域，适用于建筑内外装饰。

产品规格

面板材料：高级铝合金。

面板长度：≤8000mm。

面板宽度：≤1500mm。

面板厚度：1.5mm、2.0mm、2.5mm、3.0mm。

（以上可按需要定制）

技术指标

按 GB/T 23443标准执行。

老凤祥银楼

施工安装

1．当铝单板设计无要求时，宜采用抽芯铝铆钉，中间必须垫橡胶垫圈。抽芯铝铆钉间距以控制在100～150mm为宜。

2．安装突出墙面的窗台、窗套凸线等部位的金属饰面时，幕墙铝单板裁板尺寸应准确，边角整齐光滑，搭接尺寸及方向应正确。

3．板材安装时严禁采用对接。搭接长度应符合设计要求，不得有透缝现象。

4．当外墙内侧骨架安装完后，应及时浇筑混凝土导墙，其高度、厚度及混凝土强度等级应符合设计要求，若设计无要求时，可按踢脚作法处理。

5．保温材料的品种、堆集密度应符合设计要求，并应填塞饱满，不留空隙。

6．氟碳铝单板金属饰面表面应平整、洁净，色泽协调、无变色、泛碱、污痕和显著的光泽受损处。

7．金属饰面板接缝应填嵌密实、平直、宽窄均匀，颜色一致。阴阳角处的板搭接方向正确，非整砖使用部位适宜。

8．突出物周围的板边缘整齐；墙裙、贴脸等突出墙面的厚度一致。

9．流水坡向正确，滴水线（铝单板）顺直。

工程案例

河南省的国家动漫郑州基地，国家电网长葛供电公司综合楼，陕县新安体育馆，中原文化艺术院综合楼、图书馆，中信大楼等；湖北省的大武汉1911工程、消防总队综合办公楼等；陕西省的西安地铁站工程等；山西省的兰花煤矿综合楼、老凤祥银楼等；内蒙古的伊泰集团COE工程；新疆哈密图书馆、体育馆的装修等。

西安地铁工程

武汉工程

生产企业

河南宏基幕墙制造有限公司成立于2010年10月，注册资金1500万元，地处巩义市产业集聚区（回郭镇），是全国大规模的铝板带箔加工基地。公司占地面积2万多平方米，设有技术部和新产品研发部；现有员工90人，中高级管理人员20人，大中专占80%。本公司拥有整套先进的金属幕墙成型设备，采用金方圆当代国际先进的数控双机联动设备，可以生产8米长的铝单板幕墙，是中原地区首家铝单板生产采用日本兰氏自动静电喷涂流水线，喷枪采用先进的旋杯静电自动抢，选用进口的优质氟碳涂料，力创20年涂膜保证，以“质量与世界同步，服务使用户满意”为目标，依照ISO9001：2008质量管理体系管理企业。

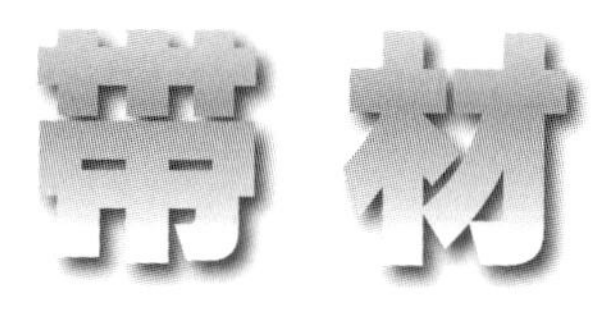

彩涂铝板 带材
CAI TU LV BAN CAI DAI

“德钜”建筑装饰用彩色涂层铝板带是以铝或铝合金板带为基材，表面附着有保护性和装饰性彩色涂层的铝板带。可单独用于装饰性单板如建筑幕墙、屋面屋顶和天花等单板，也可与其他材料复合使用如铝塑复合板、铝钢复合板、铝锌复合板、铝木复合板、铝蜂窝板、铝保温板、铝发泡板、卷闸门窗保温复合板等。优良的工艺性、保护性、轻质和环保性以及靓丽的装饰效果使其应用范围和领域不断扩大。

浙江德钜铝业有限公司

地址：浙江省海宁市斜桥镇前步桥1号北门

电话：0573-87707611

传真：0573-8771388

产品规格

厚度规格：0.14～1.5mm。

宽度规格：不大于1670mm。

技术指标

按YS/T431《铝及铝合金彩色涂层板、带材》、GB/T22412《普通装饰用铝塑复合板》及GB/T17748《建筑幕墙用铝塑复合板》标准执行。

施工安装

1. 建筑工程施工安装或机械加工成型前需覆PE保护膜；
2. 施工时须保证保护膜箭头方向的一致性；
3. 施工45天之内必须撕掉保护膜；

4．切割时不得有翻边或毛刺；
5．粘贴施工涂胶需均匀；
6．挂装龙骨和角码以及相关构建须牢固平整，同一张彩涂板挂装紧固力须基本一致，避免应力扭曲；
7．与其他材料复合时需控制复合温度，避免涂层表面烫伤和失光。

工程案例

彩涂铝产品是建筑装饰、产品包装、家具橱柜、广告工艺、运输装具等行业所用内外装饰性包装、保护材料，通常由下游再加工企业二次或多次加工后应用于终端产品和工程施工，故无直接工程照片和案例提供。浙江德钜铝业有限公司彩涂铝产品2012年销售收入8200万元，直接出口2858万元，约占35%，主要出口国家包括美国、澳大利亚、比利时、瑞典、俄罗斯、韩国、新加坡、沙特、阿联酋以及中东、亚洲和非洲其他一些国家。产品内销后由下游企业再加工后的出口率至少不低于10%。

生产企业

浙江德钜铝业有限公司是一家生产经营彩涂铝板带的专业企业，成立于2010年1月，现有员工68人，其中工程技术人员15人，中级职称7人，高级工程师1人；拥有高速彩涂生产线两条，新产品中试生产线一条。三条线均具有先进的多次彩涂、印花等同步技术；也是全国行业内拥有新产品中试生产线的企业。公司秉承“创新技术，创新产品，创新市场，领跑行业发展”的企业发展战略，迅速跻身行业技术创新排头位置，被选为中国建材联合会铝塑复合材料分会副理事长单位和中国建材行业低碳环保示范单位。董事长徐鹰被评为中国铝塑复合材料行业2002—2012年度十佳杰出人物。

图码板
TU MA BAN

超烁图码装饰板是采用数码技术与当代制图完美结合的工艺，在经过表面清洁处理的金属板材上连续或局部涂覆6色以上的涂料或油墨，从而形成色泽靓丽、质感逼真、层次丰富、个性化强的图案，并在其表面进行罩光或覆膜等保护处理后最终形成的多功能绿色板材。

图码装饰板是以高耐腐蚀合金板材及高性能、高耐候的环保涂料为主要原料，经36种工艺、7道工序加工制造而成，具有耐久性强、低碳环保、可循环利用等特性，以及保温隔热、抗玷污、抗刮耐磨等特点，可以广泛应用于门业、金属幕墙、室内装饰及吊顶、外墙装饰保温、家电、橱柜等领域，还能起到以钢代木、高效施工、节约能源、降低污染等效果；可替代石材等传统建筑材料。

适用范围

可替代传统材料做建筑幕墙、内墙装饰、建筑吊顶，还可作为家电、橱柜的面板。

辽宁超烁图码科技板业有限公司

地址：辽宁营口西市区科园路25号

电话：0417–3351855

传真：0417–3351853

产品规格

图码装饰板的尺寸范围 （mm）

项　目	公 称 尺 寸
厚　度	0.25～1.2
宽　度	700～1300
长　度	1000～2800

技术指标

1. 图码装饰板按标准Q/YCT 001执行，具体如下：

（1）涂层铅笔硬度及涂层附着力（180°弯曲）

类别	铅笔硬度	涂层附着力
金属幕墙用板	≥4H	≤3T
室外保温装饰用板	≥4H	≤3T
室内装饰用板	≥4H	≤2T
室内吊顶用板	≥3H	≤2T
门业用板	≥4H	≤2T
家电用板	≥4H	≤1T
注：厚度＞0.80mm的金属板材做90°弯曲。		

(2) 涂层耐中性盐雾及紫外线试验值(单位:小时)

类 别	耐中性盐雾试验	耐紫外灯加速老化(UVA-340)
金属幕墙用板	≥1500	≥1800
室外保温装饰用板	≥1500	≥1800
室内装饰用板	≥1200	≥980
室内吊顶用板	≥1500	≥980
门业用板	≥1200	≥980
家电用板	≥1500	≥980

工程案例

营口市成福里小区改造工程、营口市站前公安局门楼装饰工程、营口市三楼里社区居委会外墙保温装饰工程、兰州中铁办公大楼装饰工程、哈尔滨利民小学教学楼建设工程、营口市通惠门市场外围装饰工程等。

营口市三楼里社区居委会

营口市站前公安局门楼

背景墙

生产企业

辽宁超烁图码科技板业有限公司是一家专业致力于生产高端、环保室内外建材的企业,主营图码板及其制品。公司成立于2012年,位于辽宁(营口)沿海产业基地内,注册资本5000万元。沿海产业基地是东北老工业基地五点一线的经济发展中心地带,是辽宁沿海经济带及沈阳经济区两大战略的叠加区域,是沈阳经济区的出海通道。这里海运畅通,一市两港,东北铁路主干线贯纵全境,哈大公路、沈大高速公路、哈大高铁纵贯南北,交通运输十分便利。

公司以"用创新引领行业,用科技改变生活"作为企业使命;"创新技术为立业之本,以技术创新为可持续发展之源"为公司发展宗旨,技术研发实力雄厚。公司现有员工380人,大专以上学历的员工占78%;其中工程技术人员45人、工程师10人、高级工程师2人、享受国家津贴的专家1人。公司利用自主的创新技术,于2011年成功研发出了高新技术产品——图码板。企业与韩国、大连理工等多家国内外知名企业及院校达成了战略协议,在保温、防火隔热涂料和建材安装咬合机构等技术开发上取得了成功进展。

公司一期项目已建成投产。二期项目占地300亩,建筑面积合计12万平方米,总投资5亿元,计划于2014年5月建成投产。投产后将形成年产图码板2500万平方米,金属幕墙、室外保温装饰、室内装饰及吊顶等图码板制品1400万平方米,年产套装门30万樘的建设规模。工厂所有的设计均采用新颖和富有现代气息的思路进行设计,简洁明快、布局合理并注重生态环境,是一座现代化、花园式的工厂。

采用优质铝合金板材为基材，经钣金加工成型，并在表面喷涂装饰性氟碳涂料的一种新型装饰材料。根据用途可分为：室外用、室内用、吊顶用等。

金筑铝业（北京）有限公司

地址：北京市大兴区生物医药产业基地国兴工业园
电话：010-61253774
传真：010-61253776

适用范围

建筑物外墙、梁柱、阳台；
候机/车楼、高架走廊、人行天桥、电梯包边。

产品规格

铝板基材材质：优质3003H24或1100H24系列。
铝板长度：4000mm。
铝板宽度：1000～1300mm，超宽系列1400～1800mm。
铝板厚度：0.8mm、1.0mm、1.2mm、1.5mm、2.0mm、2.5mm、3.0mm。
涂料品质：PPG、Valspar或Akzo-Nobel氟碳涂料，Kynar500氟碳含量不小于70%。

产品性能

本产品按GB/T 23443《建筑装饰用铝单板》和GB/T 23444《金属及金属复合材料吊顶板》执行。

施工安装

1．对建筑外墙放线分格、外墙分格控制在1500～4000mm、内装吊顶1200～2000mm。

2．立龙骨。主、副龙骨须连接牢固，龙骨垂直、水平安装误差要小于3～5mm。

3．安装铝板用M6或M8自攻钉固定。

4．填泡夹条，打耐候密封胶；去掉保护包装膜。

工程案例

迪拜公主塔、赤道几内亚马拉博国际会议中心、伊朗阿扎迪酒店、非洲安哥拉罗安达办公大楼、国家天文馆、国家博物馆、国家会议中心、中国人民解放军301医院、北京地铁八通线土桥车站、北京奥运会网球中心、北京海淀剧院、中铁六局大厦、大连老虎滩公园、天津大剧院等。

北京首都机场

吉林火车站

天津西站

生产企业

金筑铝业（北京）有限公司是一家专业生产铝幕墙板、双曲铝单板、室内吊顶铝单板的新型现代化企业，拥有国际先进的钣金加工和氟碳喷涂设备，是国家高新技术企业，同时国家标准GB/T23443《建筑装饰用铝单板》起草单位；通过ISO 9001认证和欧盟CE认证；下设北京与天津两大生产基地，共占地155亩，厂房建筑面积70000平方米，设计年产量达300万平方米；经过多年发展，现已成为目前世界上较大的铝单板生产基地之一。

铝单板 铝蜂窝板

LV DAN BAN LV FENG WO BAN

铝单板，是当今铝质建材产品中的一个深度加工系列。它重量轻、刚性好、强度高；耐候性和耐腐蚀性好；加工工艺好，可焊性强，可加工成平面、弧形面和球面等各种复杂的形状；色彩可选取性广泛，装饰效果好；耐污染性好，便于清洁、保养； 施工安装方便、快捷并且可回收再生处理，有利环保。

“华轩”牌铝蜂窝复合板，是采用目前国际先进的航空科技结合先进的全自动化生产设备，将铝板与铝蜂窝芯紧密粘合的一种高科技环保型装饰材料。

广东华轩集团

地址：广东省东莞市谢岗镇曹乐管理区格塘村华轩工业园

电话：13672329626

传真：0755-86672365

适用范围

铝单板适用于装饰大厦外墙、梁柱、阳台、隔板包饰、室内装饰等处，深受广大用户的青睐。

铝蜂窝板主要应用于大厦外墙装饰（特别适用于高层建筑）内墙天花吊顶、墙壁隔断、房门及保温车厢、广告牌等。

产品性能

本产品按GB/T 23443《建筑装饰用铝单板》和JG/T 334-2012《建筑外墙用铝蜂窝复合板》执行。

工程案例

深圳国际会展中心、深圳湾体育场屋面工程、南美石油大厦、迪拜双子塔公园酒店、泉州嘉琳广场三亚火车站、西海岸商务大厦、大中华国际交易广场等。

国家大剧院

望京SOHO

上海中心

生产企业

广东华轩集团是一家拥有广东华轩、西南华轩、华东华轩三大生产基地，六家经营公司并且同香港成功集团有着深度战略合作的集团性企业，占地总面积达15万平方米，储备厂房建设用地50万平方米，是铝幕墙材料行业的领军企业。公司专业从事铝单板、金属天花、铝塑板、铝蜂窝板、氧化铝板等高档金属装饰材料的生产、销售以及金属屋面工程的设计、生产、施工；具备铝单板400万平方米，铝塑板50万平方米，铝蜂窝板160万平方米，钛锌板、铝镁锰板等金属屋面系统80万平方米的年供货施工能力。

公司拥有先进的电脑数控钣金加工设备，日本兰氏全自动喷涂设备，德国全自动复合生产线，德国威牌温控机等先进的设备，还拥有大批敬业务实、经验丰富、勇于创新、勇于探索的管理人才、技术能手、设计尖子和销售精英，第一时间满足用户需求，确保为客户提供一流的产品以及一流的服务。

随着中国建筑装饰行业的发展，华轩忠诚履行自己的职责，严格执行标准ISO9001：2008国际质量管理体系，积极参与到各大工程中，造就了一个又一个精品工程典范，留下了良好的口碑。如：第26届全球大学生运动会，我们为各大比赛场馆建设增添了不一样的精彩；国家“十一五、十二五“规划中，我们为各大机场、火车站、地铁站、会展中心等大型公共建设发挥了不一般的光芒。

2011年9月，华轩集团与香港成功集团建立深度战略合作关系，成为铝幕墙行业的一大盛事，为行业整合提供了一个很好的典范，两个集团的合作为铝幕墙行业的规范和良性发展起到了很好的引导和推动作用。

“华夏大地，轩昂经典。”华轩人将用一贯诚信务实的精神和积极进取的热情致力于幕墙装饰材料行业的发展，和各届朋友一起共同装饰美好未来！

氟碳铝单板作为一种新型的建筑材料，在世界各个角落、各种风格的建筑上闪烁着其特有的光泽，交换着多姿态的造型，优雅地点缀着各个空间。氟碳铝单板色彩众多，可以满足现代建筑物需求的各种颜色要求；造型众多，装饰效果强；自重轻，强度高，安装施工快捷便利；有效地防止紫外线穿透，大大增加抗老化性能；氟碳聚合物涂料主要成分是KYNAR500的氟碳树脂，此种氟碳树脂分子结构是最稳定的，由此决定经氟碳喷涂处理的产品均能长期抵抗风、雨、工业废气、酸雨等侵蚀，能够承受恶劣天气环境，而且不会变色、褪色、剥裂、粉化等，使用年限超过20年；具有抗雷性，可做为电的良导体通过建筑接地系统把雷击巨大的电流迅速输送至地下；在环境保护方面，有较强的低污染性，其表面上很难附着污染物，能长期保持光洁，易于保养及清洗。

上海吉祥科技（集团）有限公司

地址：上海市松江区石湖荡镇工业区塔汇路505号

电话：15801819011

传真：021-57841090

适用范围

适用于建筑物外墙、梁柱、阳台、雨篷；机场、车站、医院；会议厅、歌剧院；体育场馆；接待大堂等高层建筑物。

产品规格

采用铝及铝合金板，基材厚度不小于2.0mm，符合GB/T 3880.3的标准要求；涂层采用氟碳树脂、聚酯树脂液体或粉末喷涂，厚度符合GB/T 23443标准要求。

产品性能

本产品按GB/T 23443《建筑装饰用铝单板》的要求，耐久性能具体如下：

项目		技术指标
耐化学腐蚀	耐盐酸	无变化
	耐硝酸	无鼓泡等变化，$\Delta E \leqslant 5.0$
	耐砂浆性	无变化
	氟碳	丁酮，无露底
耐磨性	氟碳	≥5L/μm
中盐雾性	4000h	不次于1级
耐人工老化	4000h	色差≤3.0
		光泽度保持率≥70%
		其他老化性能不次于0级
耐湿热性	4000h	不次于1级

施工安装

1．放线：固定骨架，将骨架的位置弹到基层上。骨架固定在主体结构上，放线前检查主体结构的质量。

2．固定骨架的连接件：在主体结构的柱上焊接连接件固定骨架。

3．固定骨架：骨架预先进行防腐处理。安装骨架位置准确，结合牢固。安装完检查中心线、表面标高等。为了保证板的安装精度，宜用经纬仪对横梁竖框杆件进行贯通。对变形缝、沉降缝、变截面处进行妥善处理，使其满足使用要求。

4．安装铝板：铝板的安装固定要牢固可靠，简便易行。板与板之间的间隙要进行内部处理，使其平整、光滑。铝板安装完毕，在易于被污染的部位，用塑料薄膜或其他材料覆盖保护。

工程案例

上海老干部培训中心、上海闵行公园体育馆、江苏南京交通银行、杭州广电大厦、上海世博会法国馆、上海浦东国际机场、俄罗斯坞菲奇美术馆、VIA技术办公大楼、上海虹桥高铁站、无锡时代广场、中国国际贸易中心等。

生产企业

上海吉祥科技（集团）有限公司是一家集工业、贸易、科研、投资、服务于一体的多元化集团公司。公司专业从事高科技内外墙建筑装璜材料的研发、生产、贸易和服务，拥有雄厚的技术力量、精湛的生产工艺、先进的检测设备、科学的管理体系和完善的客户服务。公司现有中、高级专业技术人员一百多人，职工八百多人，拥有大型铝塑复合生产流水线和全自动涂铝生产线15条以上，多台加拿大进口现代化数控单板加工设备和具有当今世界先进水平的日本“兰氏”X、Y全方位光速探测整套全自动静电铝单板涂装生产线，并建立了功能齐全、设备先进的现代化实验室和气势恢宏、新颖别致的多功能吉祥科技体验馆。

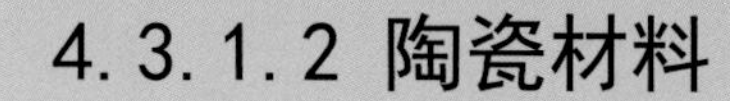

4.3.1.2 陶瓷材料

新中源陶瓷产品包括抛光砖、仿古砖、微晶石、瓷片、薄板、卫浴等多个品类，产品线全面而丰富。

新中源抛光砖产品系列规格齐全、产品花色多样、产品质量优质，涵盖产品所有生产工艺，全部采用行业首创的超洁亮技术，引领抛光砖发展狂潮。产品种类包含了渗花砖、超白砖、普通微粉、聚晶微粉、魔术师布料、随机微粉布料等多种产品，为您提供多样化的家居装修解决方案。代表产品系列有柏拉图、峰脉、法蒂玛、帕尔伦、洞石、科洛塞、丹霞玉石等多个系列，规格涵盖600×600,800×800,600×1200,1000×1000等。产品特点：光泽度高、防滑性能好、更防污、更耐磨、绿色、环保等。

新中源仿古砖，师法自然，开创和谐人居之先风，以发现美的眼光，实现美的技术，塑造美的体质，实现人宅相扶，天人合一之高度，为品位高雅、崇尚自然、注重细节的人们提供自然生活原动力。

新中源瓷片以出众的喷墨瓷片产品为支撑。这些产品，有石纹、墙纸和纯色，规格丰富，配套完善，强大的产品素材让全空间家居内墙解决方案得以完美实现。

新中源微晶石，源于28年的品牌积淀，历经10年微晶石技术历练，以其成熟的技术优势、专业品质，奠定了它在行业的美誉；同时更以庞大的企业规模优势，彰显稳重而高雅的品牌气质，见证成功，见证您的奢华传奇。

适用范围

适用于建筑室内外装修装饰领域，包括室内地面装修装饰、室内墙面装修装饰、室外墙面装修装饰。

广东新中源陶瓷有限公司

地址：佛山市禅城区南庄镇石南公路中源企业大厦三楼02－03单元

电话：0757－85332552

传真：0757－85331569

技术指标

本产品按国家标准GB/T 4100，GB 6566 A类装饰材料执行。

产品规格

抛光砖包括600×600、800×800、600×1200、1000×1000等。
仿古砖包括800×800、600×900等。
瓷片包括300×300、300×450、300×600、350×750等。
微晶石包括600×600、800×800、600×1200、1000×1000等。
薄板包括600×1200、800×800等。

工程案例

北京工商大学、北京国安数码港、北京交通部、中国人民解放军医院、中国人民解放军总医院、中央人民广播电视台等。

北京国安数码港

中国人民解放军总医院

中央人民广播电台

生产企业

广东新中源陶瓷有限公司（简称“新中源陶瓷”）是一家集科研、生产和销售为一体的知名建陶企业，营销总部位于“中国建陶第一镇”佛山市南庄镇。新中源陶瓷集多项荣誉于一身，被广东省人民政府确定为全省13家冲刺世界的名牌企业之一。

新中源陶瓷旗下拥有10家大型现代化陶瓷生产工厂，分布在广东顺德、三水、河源、清远、四川夹江、江西高安、湖南衡阳、湖北当阳、沈阳法库和河南鹤壁，产能规模位居全球前列，被业界誉为“建陶航母”。新中源陶瓷产品线全面而丰富，生产和销售抛光砖、仿古砖、全抛釉、微晶石、瓷片、薄板、卫浴等多个品类，国内销售网点一千多个，海外营销网络遍及一百二十多个国家和地区，是目前中国出口量较大的建陶企业之一。

经过多年的稳健发展，新中源陶瓷荣获“中国环保产品”等国家权威荣誉和认证，是国内陶瓷品牌中屈指可数的荣誉标榜。2010年，新中源陶瓷和中国航天基金会签署战略合作协议，成为陶瓷行业的“中国航天事业合作伙伴”，并多次荣获“中国航天事业贡献奖”。2013年6月，世界品牌实验室在北京发布了2013年（第十届）《中国500最具价值品牌排行榜》，新中源陶瓷凭借75.92亿元人民币的品牌价值再度上榜，排名总榜单的第240位，同比2012年增长19.24亿元，连续7年入选该项殊荣。

陶瓷砖 TAOCIZHUAN

朗宝陶瓷产品涵盖抛光砖、仿古砖、微晶石、瓷片、薄板等多个品类，产品以时尚事物与瑰丽自然为创意源泉，采用世界一流技术及设备，推出异彩纷呈的品质产品。

朗宝陶瓷抛光砖产品系列全部采用行业首创的“超洁亮”技术，彻底解决了困扰行业多年的防污难问题。产品规格齐全，花色丰富，质量稳定，种类包含了渗花砖、超白砖、普通微粉、聚晶微粉、随机微粉布料等，砖面呈现强烈的石材质感，写意豪迈的粗线条流淌着时间和历史沉淀而成的真石之美，先进的生产工艺赋予瓷砖外在的质感和内在的优越性能，在有限的砖面表现更多的内容。产品广泛适用于家居、酒店、私人会所等各类高档场所的装修，轻松营造高雅时尚、独具品味的人居空间。

朗宝陶瓷全抛釉仿古砖，运用3D高清喷墨技术，并采用先进的釉料，传神再现珍贵石材与玉石的质感纹理，内质坚实耐用，外观瑰丽气派，装饰应用彰显尊耀、华贵的空间表现力，成为一道独特的人文景观。

朗宝陶瓷在微晶石领域成为行业翘楚，2002年微晶石问市，领先同行；2009年第三代、第四代完全自主知识产权系列微晶石轰动市场；同年底辊筒印刷技术的第六代微晶石遥遥领先；2011年开行业喷墨工艺先河，第七代微晶石高端产品占驻市场；如今，朗宝微尚超微晶研发成功并量产，经1200度超高温深层晶化一次烧成，造型简约不凡，华美大方，是当今中国名师巨匠建筑设计的首选之材。

朗宝瓷片从时尚名都、时尚奢侈品牌中汲取灵感，采用先进的3D喷墨技术、辊筒印花和激光制版技术，图案缤纷变幻，造型创意翩翩，质感晶润透亮，色调妍丽动人，独涵玉石韵味，故又名为“超石韵”。

佛山百利丰建材有限公司

地址：佛山市三水区白坭镇白金工业大道
电话：0757－87567838
传真：0757－87577866

中国科学院

适用范围

适用于建筑室内外装修装饰领域，包括室内地面装修装饰、室内墙面装修装饰、室外墙面装修装饰。

技术指标

本产品按国家标准GB/T 4100，GB 6566 A类装饰材料执行。

产品规格

抛光砖包括600×600、800×800、600×1200、1000×1000等。
仿古砖包括800×800、600×900等。
瓷片包括300×300、300×450、300×600、350×750等。
微晶石包括600×600、800×800、600×1200、1000×1000等。

工程案例

北京奥运场馆、中国科学院、保利地产、中国科技大学、家乐福连锁超市。

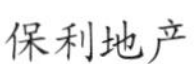
保利地产

中国科技大学

家乐福连锁超市

生产企业

佛山百利丰建材有限公司原名佛山新中源陶瓷有限公司，位于佛山市三水区白坭镇进港大道。公司成立于1998年，是新中源集团成立较早的生产基地之一。

公司以生产和销售各种规格的高档瓷质釉面砖为主，是全国规模较大的釉面内墙砖生产企业之一。

公司主要产品有完全不透水瓷质釉面内墙砖，超洁亮抛光砖系列和全抛釉仿古砖、微晶石。由于我们有配套齐全的产品，丰富时尚的花式，实惠合理的性价比，使我们有信心能以较强的竞争优势在市场上立于不败之地。公司最新推出第六代微晶石、薄板、3D喷墨内墙砖，获得了大量的荣誉和嘉奖。其中包括“全国质量管理先进企业”“中国环保产品认证”。2005年，公司推出行业领先超洁亮抛光砖技术，使抛光砖产品更加光洁、耐磨和防滑。

公司所属LunGo朗宝陶瓷始创于2001年，原名为“中源朗高”陶瓷。自诞生伊始，LunGo朗宝陶瓷一直坚持“立足时尚、品味生活”的品牌理念，将各种时尚元素注入产品中，构建了鲜明的时尚化品牌形象，成为了时尚瓷砖引领者。

“立足时尚，品味生活。”LunGo朗宝陶瓷将以鲜明的定位引领品牌发展，为缔造现代风尚人居生活作出更大的贡献。

天伟磁砖，专注大众生活的建陶旗舰品牌，中国知名商标，拥有数十条现代化建筑陶瓷生产线。“有天伟，生活美”，是天伟磁砖长期不变的诉求，致力于人们对美好生活的追求，留住生活中美的体验，保存这份感动的瞬间，天伟磁砖将对美和生活的见解，完美地融合到产品中，为大众精心构筑属于自己的美好生活。

天伟磁砖始终坚持“新新精品，源源不绝”的产品理念，保持领导市场潮流的产品花色，为每一位用户创造多姿多彩的美好生活。天伟磁砖全线引进具有世界先进水平的陶瓷生产机械设备及整套生产线，拥有业内首屈一指的7800吨巨型压机和408米长的大型宽体窑炉生产线，配置了众多具有国际先进水平的生产配套设备，为广大的消费者提供各类微晶石、超平高晶石、高级釉面砖、仿古砖、超洁亮抛光砖、各规格高级内墙瓷片及小地砖、花片、腰线等配套产品。

天伟磁砖始终以“质量是企业的第一生命力”为生产管理方针，对整个工艺流程从原料采购到成品出库，每一道工序都进行严格的品质监控，确保出厂产品质量优于国家标准。经过不懈的奋斗，天伟磁砖赢得了来自市场和广大消费者的认可，先后获得“江西省著名商标”等多项荣誉，这些荣誉激励着天伟磁砖更加努力向前，永不止步。

“发现美，创造美，享受美”，是天伟磁砖一贯坚持的经营理念，依托强大的综合实力与不断进取的创新精神，天伟磁砖将继往开来，为您和家人创造更多幸福美好的生活。

江西富利高陶瓷有限公司

地址：江西省高安市八景镇中国建筑陶瓷产业基地
电话：0795-5482520
传真：0795-5482520

北京市银都地产发展有限公司

适用范围

适用于建筑室内外装修装饰领域，包括室内地面装修装饰、室内墙面装修装饰、室外墙面装修装饰。

技术指标

本产品按国家标准：GB/T 4100-2006，GB 6566 A类装饰材料执行。

产品规格

抛光砖包括600×600、800×800、1000×1000、600×1200等。

仿古砖包括600×600、600×900等。

微晶石包括800×800、600×900等。

瓷片包括300×300、300×450、300×600、400×800等。

薄板包括600×1200、800×800等。

工程案例

北京市银都地产发展有限公司、长沙万达广场、江苏省常州市金创集团、江苏省宿迁市世纪商场、山西省太原煤炭指挥中心大楼、陕西省西安市时代盛典大厦等。

江苏省常州市金创集团

江苏省宿迁市世纪商场

陕西省西安市时代盛典大厦

生产企业

江西富利高陶瓷有限公司是新中源陶瓷企业集团投巨资兴建的大型现代化建筑陶瓷企业。新中源陶瓷企业集团于1984年在澳门创建，发展至今，已成为全球规模较大的建筑陶瓷研发、生产、销售企业之一，被业界公认为“建陶航母”。

江西富利高陶瓷有限公司坐落于江西省高安市的中国建筑陶瓷产业基地内，基地交通便捷，已建成了建筑陶瓷铁路专用线，昌樟高速、高胡一级公路全线穿越产业园，距省会南昌仅一小时车程。

江西富利高陶瓷有限公司总体投资9亿元人民币，占地1700余亩，拥有408米的窑炉和3D喷墨印花技术。公司按照园林化设计思路高标准、高档次投资兴建，是集生产、生活、休闲、娱乐于一体的综合型现代化企业，严格按照国家最新环保标准建设，主要生产各规格高档釉面内墙砖、高晶石、节材型超薄陶瓷砖。公司已建成8座超豪华的大型现代化展厅，以全面展示各种时尚、精品陶瓷产品，以及产品在现代家居中的各种运用，已成为园区内一道亮丽的风景。公司全面通过了ISO9001:2008质量管理体系认证，中国环保产品认证，质量均符合国家标准，并按照比国家标准更严格的企业内控标准执行，所有产品由中国平安保险公司承担产品责任。

公司旗下天伟品牌，荣耀为您服务，不断为您创造财富，为消费者创造价值。

江西富利高陶瓷有限公司秉承新中源陶瓷企业集团“承接传统文化、创新以人为本”的经营理念以及“脚踏实地、做好瓷砖”的企业精神，依托强大的科研力量与不断进取的创新精神，继往开来，不断提升企业竞争力。

新南悦产品涵盖抛光砖、超平釉、微晶石、瓷片等多个品类，产品规格齐全，产品阵容强大。

新南悦抛光砖细腻自然的纹理，彰显卓越的品质，非凡的质感，享受悦式的生活。新南悦抛光砖产品系列规格齐全，产品花色多样，质感高雅，质量优质，涵盖产品所有生产工艺，全部采用行业首创“超洁亮”技术，彻底解决了困扰行业多年的防污难问题，而且使抛光砖的亮度及质感得到大大提升，提升了产品附加值。产品种类包含了渗花砖、超白砖、普通微粉、聚晶微粉、随机微粉布料等多种产品，为您提供多样化的家居装修解决方案。代表产品系列有1号石砖、郁金香、亚利桑娜、圣巴巴拉、普拉提、水晶物语、线石、丁香玉摩卡石、蝶韵玉石等多个系列，规格涵盖600×600、800×800、600×1200、1000×1000等。产品特点：光泽度高、防滑性能好、更防污、更耐磨、绿色、环保等。

新南悦超平釉，每一款产品都是对天然玉石的重新发现，出于自然而胜于自然，完美重构了自然、逼真的名贵玉石的精髓与神韵，又体现出在科技淬炼中达到的崭新境界，彰显出质朴与圆润、灵性与坚厚的完美融合，将身份与地位、品位与追求全面彰显，是对成功人士数十年人生高楼大厦的美好回馈。

新南悦瓷片纯正的色泽，丰富的图案，独特慧眼的设计视角，从空间出发，展现了美好丰富的生活；以先进的喷墨技术为支撑，规格丰富，配套完善，强大的产品素材让全空间家居内墙解决方案得以完美实现。

新南悦微晶石，自2002年第一代微晶石问世到2011年第七代微晶石的升级换代，新南悦陶瓷始终走在微晶石发展的前沿。从第一代行业标准式复合板微晶石的探路先锋，跃进到第三代通版立体着色微晶石的技术研发，升级到第四代大颗粒三维质感微晶石的高清立体、第五代微晶石突破传统花色，实现珍稀石材高仿纹理，再到第六代微晶石的辊筒印刷技术，产品纹理更通透细腻。继前六代微晶石的积累传承，2011年新南悦陶瓷厚积薄发，领先应用国际前沿喷墨印刷技术隆重推出第七代“皇宫御品”喷墨微晶石，完美的纹理，高雅的色彩，深受用户喜爱，成功地缔造了又一段超凡情感体验的奢华传奇。

清远南方建材卫浴有限公司

地址：广东省清远市清城区S354附近

电话：0763-3296003

传真：0763-3296001

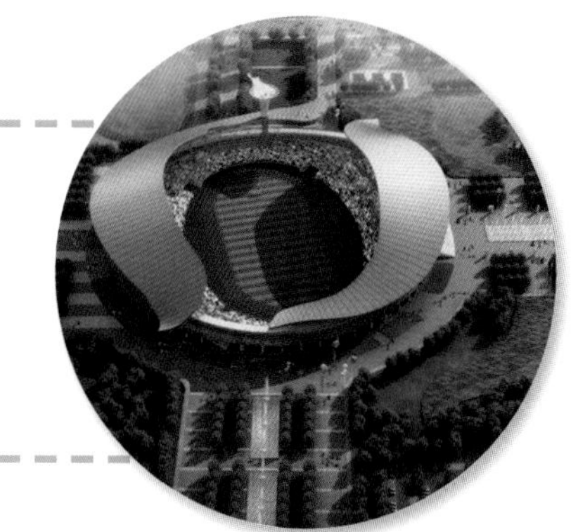
南阳农运会

适用范围

适用于建筑室内外装修装饰领域，包括室内地面装修装饰、室内墙面装修装饰、室外墙面装修装饰。

技术指标

本产品按国家标准GB/T 4100，GB 6566 A类装饰材料执行。

产品规格

抛光砖包括600×600、800×800、1000×1000、600×1200等。
仿古砖包括600×600、600×900等。
微晶石包括800×800、600×900等。
瓷片包括300×300、300×450、300×600、400×800等。

工程案例

中交天航局有限公司、中国人民革命军事博物馆、山东奥体中心、浙江大学、深圳华侨城洲际大酒店、南阳农运会、北京市公安局大兴分局、宜昌万达广场、福州碧水琴湾别墅、长沙市中医院等。

中交天航局有限公司

中国人民革命军事博物馆

深圳华侨城洲际大酒店

生产企业

清远南方建材卫浴有限公司是中国建陶航母——广东新中源集团在全国设立的十个大型生产基地之一。公司创建于2002年，占地两千亩，主要生产各类建筑、装饰瓷砖产品，包括抛光砖、仿古砖、微晶石、瓷片、薄板、卫浴等多个品类，产品线全面而丰富。

本公司始终坚持管理与技术创新。企业先后通过ISO9001:2000质量管理体系、ISO14001:1996环境管理体系和中国国家强制性产品3C认证等数十项权威认证。在产品研发上本公司凭借强大的创新能力，积极进行产品和技术创新。

本公司在行业内推出的“超洁亮”技术解决了抛光砖的渗污和光泽度两大难题，提高了抛光砖的整体技术水平，实现了革命性的技术突破；而1.2×2.0m的世纪砖王不仅被评为了广东省重点新产品，并荣膺世界吉尼斯中国之最；仿古砖的“干法施釉”技术也有效提升了仿古砖的技术工艺，引起业界的高度关注。

“承接传统文化，创新以人为本”是新中源集团一贯坚持的经营理念。本公司将一如既往地秉承“脚踏实地，做好瓷砖”的企业精神，坚持自主创新，以振兴民族工业为己任，以打造建陶国际品牌为目标，不断追求完美卓越。

圣德保产品涵盖抛光砖、仿古砖、微晶石、瓷片、薄板等多个品类，产品规格齐全，产品线全面丰富。

圣德保抛光砖产品系列规格齐全，产品花色多样、质量优质，涵盖产品所有生产工艺，全部采用行业首创“超洁亮”技术，彻底解决了困扰行业多年的防污难问题，而且使抛光砖的亮度及质感得到大大提升，提升了产品附加值。产品种类包含了渗花砖、超白砖、普通微粉、聚晶微粉、随机微粉布料等多种产品，为您提供多样化的家居装修解决方案。代表产品系列有保真石材、卡拉奇、波希米亚、香格里拉、洞石、琥珀石、普罗旺斯、天姿玉色、枫丹白露等多个系列，规格涵盖600×600、800×800、600×1200、1000×1000等。产品特点：光泽度高、防滑性能好、更防污、更耐磨、绿色、环保等。

圣德保仿古砖，每一款产品都是对天然玉石的重新发现，秉承了玉石历练万年的优异物质，又体现出在科技淬炼中达到的崭新境界，彰显出质朴与圆润、灵性与坚厚的完美融合，这种超凡尊贵的至臻品质和万象并蓄的绝妙风格，是对成功人士数十年人生高楼大厦的美好回馈。

圣德保瓷片以出色的喷墨瓷片产品为支撑，有石纹、花草和纯色等纹理产品，规格丰富，配套完善，强大的产品素材让全空间家居内墙解决方案得以完美实现。

圣德保微晶石，自2003年首推第一代微晶石到2011年第七代微晶石的升级换代，圣德保陶瓷始终走在微晶石发展的前列。从第一代行业标准式复合板微晶石的探路先锋，跃进到第三代通版立体着色微晶石的技术研发，升级到第四代大颗粒三维质感微晶石的高清立体、第五代微晶石突破传统花色，实现珍稀石材高仿纹理，再到第六代微晶石的高精科技，产品纹理更通透细腻。继前六代微晶石的积累传承，2011年圣德保陶瓷厚积薄发，领先应用国际前沿喷墨印刷技术隆重推出第七代“英伦贵族”喷墨微晶石，成功缔造了又一个产品传奇，将微晶石的产品应用做到了极致，深受用户的喜爱。

清远南方建材卫浴有限公司

地址：广东省清远市清城区S354附近
电话：0763-3296003
传真：0763-3296001

扬州大学

适用范围

适用于建筑室内外装修装饰领域，包括室内地面装修装饰、室内墙面装修装饰、室外墙面装修装饰。

技术指标

本产品按国家标准GB/T 4100，GB 6566 A类装饰材料执行。

产品规格

抛光砖包括600×600、800×800、600×1200、1000×1000等。

仿古砖包括800×800、600×900等。

瓷片包括300×300、300×450、300×600、350×750等。

微晶石包括600×600、800×800、600×1200、1000×1000等。

工程案例

宁波北仑海关、山西运城市政协、无锡南长区政府办公大楼、湖南株洲北区人民政府、扬州大学、江西南昌大学购物广场、南阳体育中心、绵阳科学城、南京军区总医院、浙江省中西结合医院等。

湖北株洲北区人民政府

无锡南长区政府办公大楼

宁波北仑海关

生产企业

清远南方建材卫浴有限公司是中国建陶航母——广东新中源集团在全国设立的十个大型生产基地之一。公司创建于2002年，占地两千亩，主要生产各类建筑、装饰瓷砖产品，包括抛光砖、仿古砖、微晶石、瓷片、薄板、卫浴等多个品类，产品线全面而丰富。

本公司始终坚持管理与技术创新。企业先后通过ISO9001:2000质量管理体系、ISO14001:1996环境管理体系和中国国家强制性产品3C认证等数十项权威认证。在产品研发上本公司凭借强大的创新能力，积极进行产品和技术创新。

本公司在行业内推出的"超洁亮"技术解决了抛光砖的渗污和光泽度两大难题，提高了抛光砖的整体技术水平，实现了革命性的技术突破；而1.2×2.0m的世纪砖王不仅被评为了广东省重点新产品，并荣膺世界吉尼斯中国之最；仿古砖的"干法施釉"技术也有效提升了仿古砖的技术工艺，引起业界的高度关注。

"承接传统文化，创新以人为本"是新中源集团一贯坚持的经营理念。本公司将一如既往地秉承"脚踏实地，做好瓷砖"的企业精神，坚持自主创新，以振兴民族工业为己任，以打造建陶国际品牌为目标，不断追求完美卓越。

瑞高陶板 陶棍

RUI GAO TAO BAN TAO GUN

公司目前主要生产的产品有陶板、陶棍、单元幕墙等，涵盖建筑内外墙装饰、建筑外保温、防火墙体、建筑景观、建筑外遮阳、建筑屋顶、建筑外包层等多种领域。产品品种多样，色泽丰富的陶板，代表着陶板产品的国际水准。生产研发的强大实力，决定了产品服务的模式。瑞高公司将湿法成型、高温煅烧的黏土烧结技术发挥至国家前所未有的高度，同时，将建筑雕塑艺术和制陶技术完美结合。

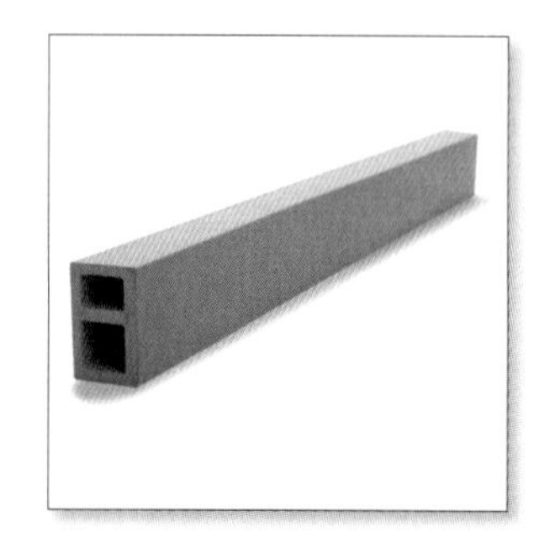

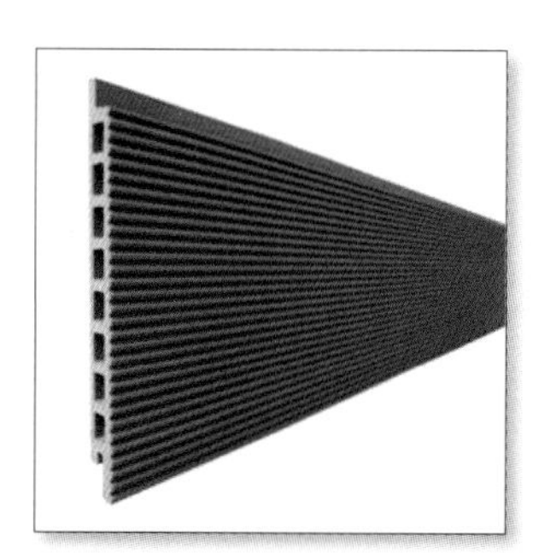

适用范围

公司目前生产的陶制产品主要用于涵盖建筑内外墙装饰、建筑外保温、防火墙体、建筑景观、建筑外遮阳、建筑屋顶、建筑外包层等多种领域。

瑞高（浙江）建筑系统有限公司

地址：长兴经济技术开发区太湖大道2255号

电话：0572-6575831

传真：0572-6587189

技术指标

按行业标准《建筑幕墙用陶板》（JG/T 324）执行，具体如下：

1.尺寸偏差：宽度+0.28～+0.55mm，长度+0.52～+0.89mm；

2.吸水率：3.7%；

3.破坏强度：5047N；

4.抗热震性：无裂纹及炸裂，无破坏；

5.抗冻性：无裂纹及剥落，无破坏；

6.湿膨胀： 0.03 mm/m，0.003%；

7.抗化学腐蚀性：100g/L氯化铵不低于UB级；20mg/L次氯酸钠不低于UB级。

产品规格

产品根据客户需求定制，规格繁多，大致有以下几种：

陶板：长1200×宽600×厚12、长900×宽400×厚18、长600×宽300×厚12、长1200×宽600×厚30、长200×宽600×厚30等。

陶棍：50×50×1000、60×60×1200等。

施工安装

1．预埋件安装：预埋件应在土建施工时埋设，幕墙施工前要根据该工程基准线和中线以及基准水平点对预埋件进行检查和校核，埋件的标高偏差不应大于10mm，埋件位置与设计位置的偏差不应大于20mm。

2．测量放线：由于土建施工允许误差较大，幕墙工程施工要求精度很高，所以不能依靠土建水平基准线，必须对基准轴线和水准点重新测量，并校正复核。

3．金属骨架安装：如有焊接时，应对下方和邻近的已完工装饰面进行成品保护。焊接时要采用对称焊，以减少因焊接产生的变形。

4．陶板面板安装：安装时要将挂接件和陶土板面板之间隔以柔性垫片或弹性卡片，保证面板与挂接件柔性连接。

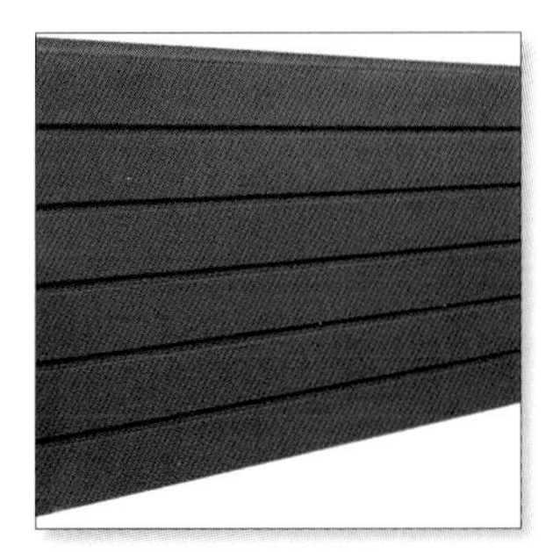
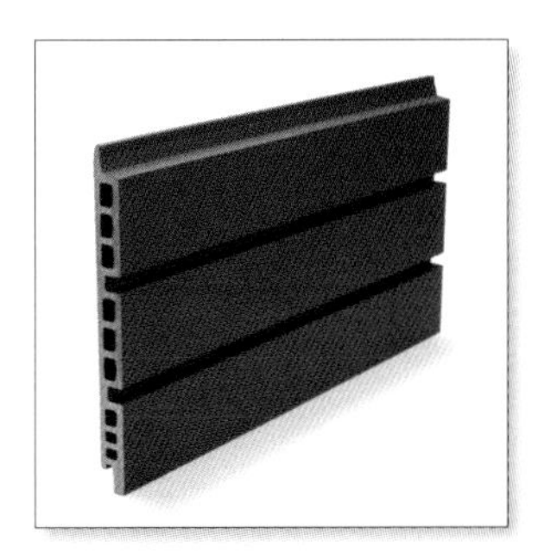
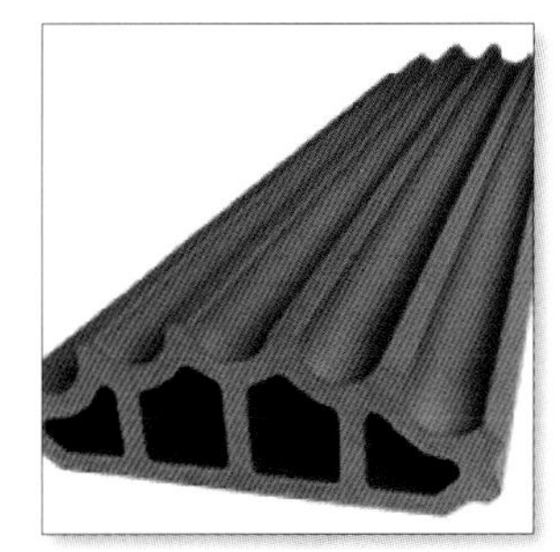

工程案例

滨湖新区、北京三中、漳州建行、广东疾控中心、中心领袖天地、武当山旅游发展中心、南京交通集疏运道路箱涵工程、陕西省科技资源中心、渤龙湖总部经济区、盘锦市全民健身中心项目、大连天地园、江阴口岸单位办公楼、无锡滨湖传感信息中心、上海商飞设计研发中心（商飞二期）、湖南工贸技师学院、巴博文博中心、中国商用飞机三期、长三角金属物流中心等。

生产企业

瑞高（浙江）建筑系统有限公司拥有国际先进水平的陶板幕墙材料生产线，是集产品的研发、生产、销售、服务为一体的企业。公司通过了ISO9001：2008质量管理体系认证、ISO14001：2008环境管理体系认证及浙江省清洁生产审核，在国内陶板厂商中率先通过了欧盟EN14411标准，取得了CE证书，并通过了科威特政府认证。现有产品种类：陶板、陶棍、筑石。公司年生产陶板100万平方米左右，所生产的系列产品被认定为“中国绿色、环保、节能建材产品”。公司拥有大专学历以上人员80人，其中陶瓷行业资深工程师、硕士研究生等专业研发人员34人，已获得国家多项发明、实用新型和外观专利，被评为“浙江省专利示范企业”，并负责起草陶板行业标准《干挂空心陶瓷板》(JC/T—1080)，参编了由建设部幕墙委员会委托广东省建筑科学研究院编制的《建筑幕墙用陶板》(JG/T 324)规范。

陶板 外墙砖 仿古砖

TAOBANWAIQIANGZHUANFANGGUZHUAN

陶板

TOP陶板以天然的纯净陶土为原材料，经过挤压成型、高温煅烧而成，质地淳朴、色泽温润、美观大方、经久耐用，能够有效抵抗紫外线的照射，没有光污染，经过1200℃高温烧制，坚固耐用，抗震性好，抗风荷能力强，可以单片更换，安装简易方便，内部为中空结构，可以有效阻隔热传导，隔离外界噪声，时为经典之作。产品可广泛运用于城市写字楼、商贸大厦、公寓、政府办公楼，是最具国际水准的新型节能环保型建筑幕墙材料。

外墙砖

垫板窑外墙砖产品成功攻克薄砖成型技术难题，在产品厚度薄至4.2mm时仍可保留特殊的燕尾结构，燕尾深度可达1mm,安全可靠。

产品重量轻，仅7.5kg/m^2，比一般正常厚度（6.6～7.2mm）的同类产品约轻50%，适合在有承重限制的外保温材料项目和高层项目上应用。

仿古砖

万利牌喷墨仿古砖采用世界最先进的5D喷墨设备生产，5D喷墨仿古砖产品与传统的平面印花仿古砖产品相比具有可以乱真地模仿木地板、石材、地毯等的特性。品种有5D喷墨文化石、5D喷墨内墙砖、5D喷墨仿古砖、釉下彩柔光砖、全抛釉亮光砖、精品微晶石等高级仿古砖系列产品。

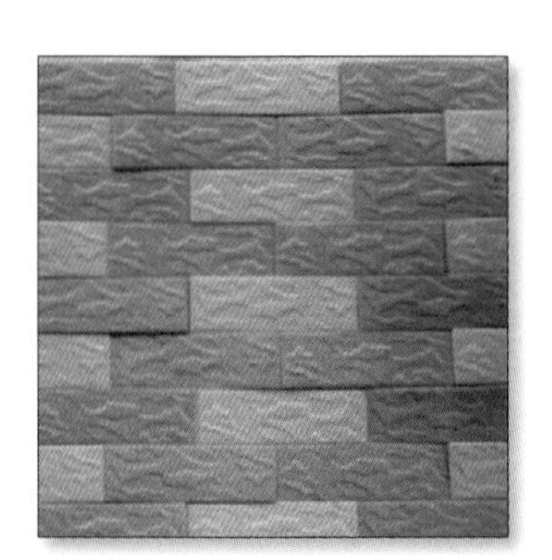

适用范围

陶板

陶板幕墙可广泛应用于高层建筑外墙、低层建筑外墙，以及办公大楼、医院教堂、宾馆机场、别墅等中高档建筑。

外墙砖

住宅楼、办公楼、别墅等外观铺贴。

仿古砖

可应用于室内、室外、地板、墙壁；适用于客厅、卧室、厨房、卫生间、阳台、外墙等。

万利（中国）有限公司

地址：福建省漳州市南靖高新技术产业园区

电话：0596-7699999

传真：0596-7699699

技术指标

按GB/T 4100《陶瓷砖》执行。

技术指标

陶板

陶板规格分为宽度300（长度600～1500），宽度400（长度900～1500），宽度450（长度900～1500），宽度500（长度900～1500），宽度600（长度900～1500）。陶板厚度主要有18、30，厚度15～40都可定制。

陶辊品种有（小百叶陶辊60×100、大百叶陶辊60×180、方形陶辊50×50、长方形陶辊50×100、三角形陶辊90×90与120×120、大方形陶辊90×90与120×150）

外墙砖

23×48×4.2

45×45×5.0

45×95×5.0

45×145×5.5

仿古砖

分为：300×300、300×600、400×800、600×600、800×800、1000×1000、600×1200等。

工程案例

闽南建筑有限公司、光泽凤凰华府、湖南广博房地产开发有限公司、九龙建设集团、湖北孝感华庆置业有限公司、地矿集团、报业小区、龙岩龙晟房地产、中建八局浦西安置房、泷澄建设集团、泉州世贸大厦、包头会展中心、兴茂嘉苑、深圳中广核试验基地、龙岩市人民医院、苏州中化药品新厂项目、大连万科蓝山、碧湖生态园、湖南老干部活动中心、湖南攸县家具城、昆明专用票证印刷生产基地办公楼项目、柳树村综合市场、闽南建筑有限公司、光泽凤凰华府、湖南广博房地产开发有限公司、九龙建设集团、湖北孝感华庆置业有限公司、地矿集团、报业小区、龙岩龙晟房地产、中建八局浦西安置房、泷澄建设集团、泉州世贸大厦。

生产企业

2010年万利国际控股有限公司在福建漳州高新技术产业园区创建全球大规模的陶板、太阳能、仿古砖、垫板窑外墙砖等低碳环保节能产品的生产基地，项目总投资28亿元人民币，注册资本5789万美元，项目占地1500亩，目前万利企业拥有全球先进的德国与意大利的全自动生产线16条（其中陶板生产线8条、太阳板生产线1条、仿古砖生产线4条、垫板窑外墙砖生产线3条），计划5年内项目全部建成后将形成共48条生产线规模，年总产值将达到80亿元人民币。万利国际控股有限公司于2011年6月13日在韩国证券交易所成功上市。万利企业旗下品牌有TOP牌、万利牌、圣得利牌等的陶板、太阳能、仿古砖、外墙砖四大产品。万利企业先后通过ISO9001-2000国际质量管理体系及产品质量双认证，及ISO14001-2004环境管理体系认证、OHSAS18001-1999职业健康安全管理体系认证、中国国家强制性产品（3C）认证等，并且中国陶瓷行业名牌产品、绿色建材产品等荣誉。

4.3.1.3 其他外墙材料

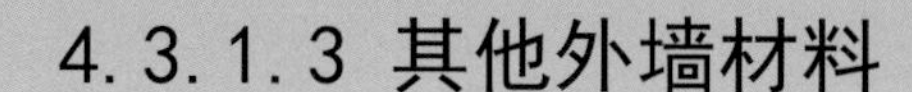

砂壁状涂料

SHABIZHUANGTULIAO

以合成树脂乳液为主要粘结剂，以砂粒、石材微粒和石粉为骨料，在建筑物表面上形成具有石材质感饰面涂层的合成树脂乳液砂壁状建筑涂料 。

产品特点：

1.具有多种风格的天然石材的独特质感和装饰效果，并有不同格调的颜色选择；
2.多种线格设计，能提供各种立体形状的花纹结构；
3.涂层具有良好的防霉、抗碱、耐化学品性能，耐候性能优异；
4.采用天然彩色矿石调色，不含色浆、颜料，保色性好；
5.涂层具有良好的柔韧性，抗裂性能显著，具备遮盖墙面细小裂缝的能力；
6.能调整粗糙程度不一的表面，具有遮盖墙体表面缺陷的功能；
7.与外墙外保温系统具有良好的匹配性；
8.不增加建筑自重，安全隐患小；
9.与秦恒的防污罩面漆配套使用，可提供优异耐候性、防污性能的涂装体系。

适用范围

适合住宅、酒店、办公楼等大型建筑物的新建工程。

广泛用于混凝土或水泥外墙的装饰及保护。

特别适合在异型弯曲墙面上喷涂出天然石材效果。

适用基层：混凝土面、灰浆面、GRC板、外保温体系、各种水泥制建材等。

山东秦恒科技有限公司

地址：山东省东营市广饶经济开发区

电话：0532-55576762

传真：0532-55576763

产品规格

根据表面效果分为麻砂、中砾、精细、多彩、浓彩、淡莱、刮砂、颗粒等多种规格，可达到多种不同的装饰效果需求。

海信

龙湖

麦岛金岸

技术指标

按JG/T 24《合成树脂乳液砂壁状建筑涂料》标准执行，具体如下：

<table>
<tr><th>试 验 类 别</th><th colspan="2">项目</th><th>技 术 指 标</th></tr>
<tr><td rowspan="4">涂料试验</td><td colspan="2">在容器中的状态</td><td>经搅拌后呈均匀状态，无结块</td></tr>
<tr><td colspan="2">骨料沉降性，%</td><td><10</td></tr>
<tr><td rowspan="2">贮存稳定性</td><td>低温贮存稳定性</td><td>3次试验后，无硬块、凝聚及组成的变化</td></tr>
<tr><td>热贮存稳定性</td><td>1个月试验后，无硬块，发霉、凝聚及组成物的变化</td></tr>
<tr><td rowspan="9">涂层试验</td><td colspan="2">干燥时间（表干），h</td><td>≤2</td></tr>
<tr><td colspan="2">颜色及外观</td><td>颜色及外观与样本相比，无明显差别</td></tr>
<tr><td colspan="2">耐水性</td><td>240h试验后，涂层无裂纹、起泡、剥落、无软化物的 析出，与未浸泡部分相比，颜色、光泽允许有轻微变化</td></tr>
<tr><td colspan="2">耐碱性</td><td>240h试验后，涂层无裂纹、起泡、剥落、无软化物的析出，与未浸泡部分相比，颜色、光泽允许有轻微变化</td></tr>
<tr><td colspan="2">耐洗刷性</td><td>1000次洗刷试验后涂层无变化</td></tr>
<tr><td colspan="2">耐沾污率，%</td><td>5次沾污试验后，沾污率在45以下</td></tr>
<tr><td colspan="2">耐冻融循环性</td><td>10次冻融循环试验后，涂层无裂纹、起泡、剥落、与未试验试板相比，颜色、光泽允许有轻微变化</td></tr>
<tr><td colspan="2">粘结强度，MPa</td><td>≥0.69以上</td></tr>
<tr><td colspan="2">人工加速耐侯性</td><td>500h试验后，涂层无裂纹、起泡、剥落、粉化，变色<2级</td></tr>
</table>

工程案例

万科公园5号、万科金域曲江、东营水城国际、滨州齐鲁花园等。

玫瑰园

生产企业

山东秦恒科技有限公司（以下简称“山东秦恒”）成立于2004年，山东省高新技术企业，山东省建设科技协会墙材革新与建筑节能专业委员会副主任委员单位。

生产基地位于东营市广饶经济开发区，建有干粉砂浆、EPS板、饰面材料、柔性面砖四个生产车间及原材料成品库、实验室、样板室、调色室等，其中干粉砂浆生产线为行业内先进的全自动化生产设备，年产能可以达到20万吨；膨胀聚苯板生产线拥有行业内先进的间歇式预发泡机和真空板材成型机，年生产能力可以达到36万立方米；饰面材料生产线具备年产1.5万吨的能力。

山东秦恒建有专门的实验室，实验设备齐全，可对原材料和产成品进行全过程监控。山东秦恒于2006年通过ISO9001质量管理体系认证，2011年通过了ISO14001环境管理体系认证，严格的质量管理体系和完善的检测条件保证了秦恒产品的优良品质。

山东秦恒至今已经完成外墙保温系统施工面积2000多万平方米，特别是历年来与万科、龙湖地产、海尔、海信等知名开发商的成功合作，已成为山东省举足轻重的外墙保温企业。

久彩柔性文化砖

JIUCAIROUXINGWENHUAZHUAN

久彩柔性文化砖是以特种耐候性树酯为胶结剂，再配以无机骨料及多种功能助剂，经过特殊工艺加工而成。产品天然环保，无毒无味，既有良好的防水抗渗性能，又具有良好的透气性。装饰层具有一定厚度，柔韧性、硬度、自重轻、透气性能好；具有耐磨蚀、耐污染、耐紫外光照射、耐气候变化、耐细菌侵蚀和耐化学侵蚀的连续涂膜；对建筑外立面具有更好的保护作用；具有良好的柔韧性，能适应基层的正常轻微变形而不产生裂缝，具有一定的弥补基层裂缝的功能；与外保温系统相匹配，是外墙保温系统的最佳面层材料，起到保护和增强作用。

山东秦恒科技有限公司

地址：山东省东营市广饶经济开发区
电话：0532−55576762
传真：0532−55576763

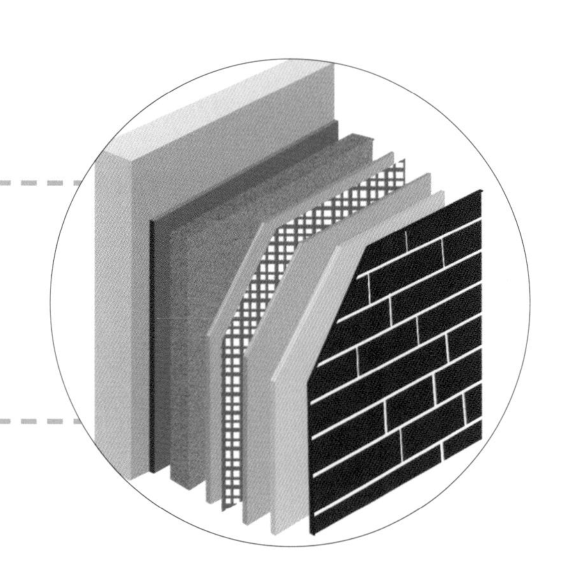

适用范围

适合住宅、酒店、办公楼、学校等大型建筑物的新建及维修工程。
可用于建筑物外墙的混凝土或水泥砂浆墙面装饰及保护。

产品规格

按表面效果分为平面、敦煌、浮雕、多彩；按厚度分为3mm、5mm。

技术指标

按JG/T 311《柔性饰面砖》标准执行，具体如下：

项目		单位	指标	试验方法
表观密度		kg/m^3	规定值a ±0.2	见JGJ144附录A.4
吸水率		%	≤ 8.0	见JGJ144附录A.5
耐碱性，48h		—	试样表面无开裂、剥落，与未浸泡部分相比，允许颜色轻微变化	GB/T 9265
柔韧性		—	直径200mm的圆柱弯曲，试样无裂纹	见JGJ144附录A.7
耐温变性		—	10次循环试样无开裂、起鼓、剥落，无明显变色	JG/T 25
耐沾污性		级	≤1	GB/T 9780
耐人工老化性	老化时间	h	1000GB/T 1865	
	外观	—	无开裂、起鼓、剥落	
	粉化	级	≤1	
	变色	级	≤2	
水蒸气湿流密度		g/(m^2•h)	>0.85	见JGJ144附录A.10

工程案例

青岛极地海洋世界。

青岛极地海洋世界

生产企业

山东秦恒科技有限公司（以下简称“山东秦恒”）成立于2004年，是山东省高新技术企业，山东省建设科技协会墙材革新与建筑节能专业委员会副主任委员单位。

生产基地位于东营市广饶经济开发区，建有干粉砂浆、EPS板、饰面材料、柔性面砖四个生产车间及原材料成品库、实验室、样板室、调色室等，其中干粉砂浆生产线为行业内先进的全自动化生产设备，年产能可以达到20万吨；膨胀聚苯板生产线拥有行业内先进的间歇式预发泡机和真空板材成型机，年生产能力可以达到36万立方米；饰面材料生产线具备年产1.5万吨的能力。

山东秦恒建有专门的实验室，实验设备齐全，可对原材料和产成品进行全过程监控。山东秦恒于2006年通过ISO9001质量管理体系认证，2011年通过了ISO14001环境管理体系认证，严格的质量管理体系和完善的检测条件保证了秦恒产品的优良品质。

山东秦恒至今已经完成外墙保温系统施工面积2000多万平方米，特别是历年来与万科、龙湖地产、海尔、海信等知名开发商的成功合作，已成为山东省举足轻重的外墙保温企业。

千思板

千思板Meteon是一种装饰性的高压热固化木纤维板（HPL），整个表面采用千思板国际公司特有的内部技术——电子束固化（EBC）生产出具有耐候性的产品表面，精心设计出满足幕墙或其他较高要求的外墙应用。千思板Meteon所采用的基础制造工艺是在高压和高温条件下，将混合了热固性树脂的木质纤维转化为各种充满吸引力的板材，可以满足最为精准的规格要求。

特莱仕（上海）千思板制造有限公司

地址：上海市淮海路1045号淮海大厦2604—05

电话：021—62881299

传真：021—54656989

北京三里屯village

适用范围

应用于建筑幕墙，也可以用于室外吊顶、阳台栏杆和扶手、标牌和广告牌、室外家具、娱乐设备等。

产品规格

TS 200～8mm及以上、TS 300～10mm及以上、TS 650～8mm及以上、TS 700～6mm及以上。

安装施工

千思板厂家为客户提供几种不同风格的幕墙系统如下：

1.外露装饰性铆钉/螺丝固定系统（TS700）；

2.背部挂钩点式固定系统（TS200）；

3.型材嵌入板边插接固定系统（TS300）；

4.鱼鳞状效果特殊设计系统（TS650）。

技术指标

本产品按GB/T 21086《建筑幕墙》执行，具体指标如下：

性　　能	结　　果
密度，g/cm^3	≥135
弹性模量，MPa	≥9000
弯曲强度，MPa	≥120
拉伸强度，MPa	≥70
锚固强度，N	6mm：≥2000；8mm：≥3000；≥10mm：≥4000
抗大直径球冲击性能，mm	≤10
导热系数，W/(m•K)	0.3
耐候性	通过相关温度的尺寸稳定性、耐湿热、耐气候激变、在氙弧灯光下抗色变性（欧洲循环）、在氙弧灯光下抗色变性（美国佛罗里达循环3000小时）、抗二氧化硫性能等试验
防火	B-s1,d0,t1

工程案例

北京三里屯village、苏州水巷邻里、江苏软件园、国家气象总局、泰州火车站、天津海泰、武汉福星惠誉、上海金桥软件园、北京水立方等。

北京水立方

国家气象总局

江苏软件园

生产企业

千思板国际有限公司是建筑材料领域的领先创新者，是国际公认的高品质面板的开发商，其产品主要用于外墙覆盖、装饰性立面和室内表面装饰等领域。

自1960年创立以来，千思板公司与遍及全球的建筑师、设计师、安装商、分销商和最终用户密切合作。千思板公司重点关注产品开发，将优质制造技术与建筑应用的智能解决方案相结合，凭借对关键市场挑战和需求的独特见解，千思板公司充满热情，提供创新、美观和高性能的解决方案，满足一系列广泛的建筑需求。千思板公司拥有近50年的行业经验及近650名的员工，每年制造大约500万平方米的板材，在欧洲和亚太均有生产设施。

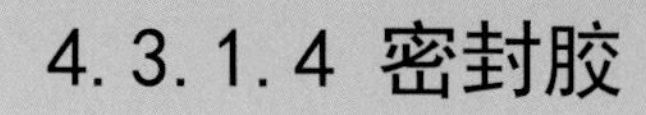

4.3.1.4 密封胶

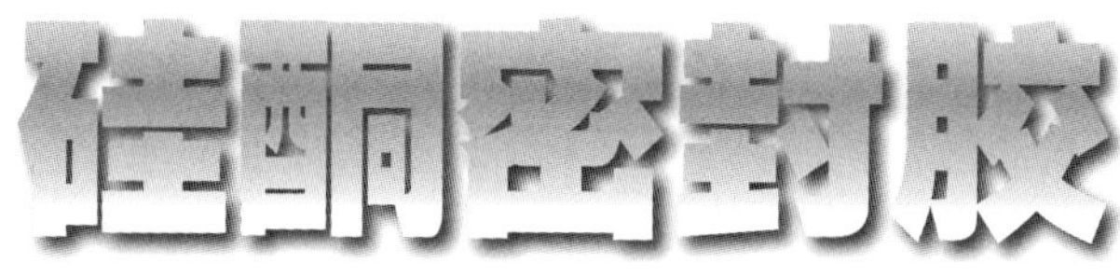

GUITONGMIFENGJIAO

公司以生产硅酮密封胶为主，其中主要的建筑产品有硅酮结构密封胶（硅宝999单组分、硅宝992双组分、硅宝1099单组分、硅宝1092双组分等）、门窗用建筑硅酮密封胶（硅宝556、硅宝557、硅宝558、硅宝996等）、中空玻璃密封胶（硅宝882、硅宝886等）、防火密封胶（DJ-A3-119等）以及耐候密封胶（硅宝998等）等系列，产品通过UL、SGS、TUV、CABR、CECC、CE等多项国内外权威认证和政府机构多次的表彰。

上述产品均属于环境友好型材料，产品从原料采购、研发设计、生产过程以及质量控制中均有严格的标准进行规范管理，在原材料和加工工艺方面比较类似，只是在用途上细分成了多个型号系列，因此在在本篇的资料均以硅宝999单组分硅酮结构胶为主进行说明。

产品特性：中性固化，对金属、镀膜玻璃、Low-E玻璃等多种建材无腐蚀性；优异的耐气候老化性能；耐高低温性能卓越，在-50～150℃的范围内性能变化不大；对大部分建筑材料具有优良的粘接性，一般不需要使用底漆；与其他中性硅酮胶具有良好的相容性。

适用范围

硅宝产品广泛应用于建筑幕墙、中空玻璃、节能门窗、电力环保等众多领域，以硅宝999和992为例，产品广泛应用于璃幕墙、铝板幕墙陶土板幕墙及金属结构工程的结构粘结密封、中空玻璃二道结构性粘结密封、其他许多建筑结构性用途等方面。

成都硅宝科技股份有限公司

地址：成都高新区新园大道16号

电话：028-86039720

传真：028-86039231

产品规格

硅宝999用350ml塑料筒（净含量300ml）、600ml复合膜（净容量590ml）包装。

技术指标

产品型号	产品执行标准
硅宝999、硅宝992、硅宝1092、硅宝1099	GB 16776
硅宝556、硅宝557、硅宝558	GB/T 14683
硅宝882、硅宝886	GB 24266
DJ-A3-119	GB 23864
硅宝998	JC/T 882
硅宝996	Q/71304249-7.004

产品按上述标准执行，具体如下：

<table>
<tr><th colspan="3">项 目</th><th>技术指标</th><th>硅宝999</th><th>硅宝992</th></tr>
<tr><td rowspan="2">下垂度</td><td colspan="2">垂直放置，mm</td><td>≤3</td><td>0</td><td>0</td></tr>
<tr><td colspan="2">水平放置</td><td>不变形</td><td>不变形</td><td>不变形</td></tr>
<tr><td colspan="3">挤出性，s</td><td>≤10</td><td>1.6</td><td>—</td></tr>
<tr><td colspan="3">适用期，20min时，s</td><td>≤10</td><td>—</td><td>2.2</td></tr>
<tr><td colspan="3">表干时间， h</td><td>≤3</td><td>1.0</td><td>0.8</td></tr>
<tr><td colspan="3">硬度，Shore A</td><td>20～60</td><td>49</td><td>43</td></tr>
<tr><td rowspan="10">拉伸粘结性</td><td rowspan="5">拉伸粘结强度，MPa</td><td>23℃</td><td>≥0.6</td><td>1.08</td><td>1.13</td></tr>
<tr><td>90℃</td><td>≥0.45</td><td>0.9</td><td>1.02</td></tr>
<tr><td>-30℃</td><td>≥0.45</td><td>1.66</td><td>1.62</td></tr>
<tr><td>浸水后</td><td>≥0.45</td><td>1.12</td><td>1.01</td></tr>
<tr><td>水-紫外光照后</td><td>≥0.45</td><td>1.03</td><td>1.09</td></tr>
<tr><td colspan="2">粘结破坏面积，%</td><td>≤5</td><td>0</td><td>0</td></tr>
<tr><td colspan="2">23℃最大拉伸强度时伸长率，%</td><td>≥150</td><td>220</td><td>140</td></tr>
<tr><td rowspan="3">热老化</td><td>质量损失率</td><td>10</td><td>3.6</td><td>3.5</td></tr>
<tr><td>龟裂</td><td>无</td><td>无</td><td>无</td></tr>
<tr><td>粉化</td><td>无</td><td>无</td><td>无</td></tr>
</table>

工程案例

鸟巢（北京奥运会主场馆）等奥运工程、上海世博会工程、新世纪环球中心（全球最大单体幕墙建筑）、三亚凤凰岛（东方“迪拜”）、苏州东方之门等。

银川市政中心

环球中心

华润凤凰城

生产企业

成都硅宝科技股份有限公司（以下简称硅宝科技），成立于1998年，地处中国有机硅工业的发源地——四川，主要从事有机硅室温胶、硅烷及专用设备的研究开发、生产销售。硅宝科技于2009年10月在中国创业板上市，成为中国新材料行业也是四川省率先上市的公司。作为国家高新技术企业、国家火炬计划重点高新技术企业，硅宝科技承担并完成了多项国家及省市重点科技攻关及技术创新计划项目，取得一批产业化成果，技术经济实力处于国内同行业领先地位，荣获“中国化工行业技术创新示范企业”及四川省“创新型试点企业”称号。

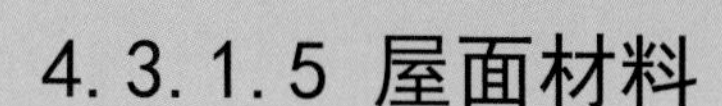

方兴聚乐合成树脂瓦采用国际先进的三层共挤复合生产工艺，由三台挤出机分别挤出不同结构性能的原料（产品结构层为三层：上层为美国通用电气公司生产的Geloy牌ASA高耐候性树脂，抗老化性能好；中间层为结构基层树脂。底层为耐磨层树脂，提高韧性，起到抗拉伸作用），经过共挤分配器复合挤出高温材料，由连续成型机连续成型（冷却），定尺切割制成。

目前国内类似成型设备都采用间歇式二次加热成型，而聚乐合成树脂瓦是在三层复合平板从机头出来，温度较高具有可塑性时，用成型机进行连续成型。

山东方兴建筑材料有限公司

地　址：山东省莱州市北苑路668号

电　话：0535-2291030

传　真：0535-2291040

适用范围

适用于各类工民建屋面。

产品规格

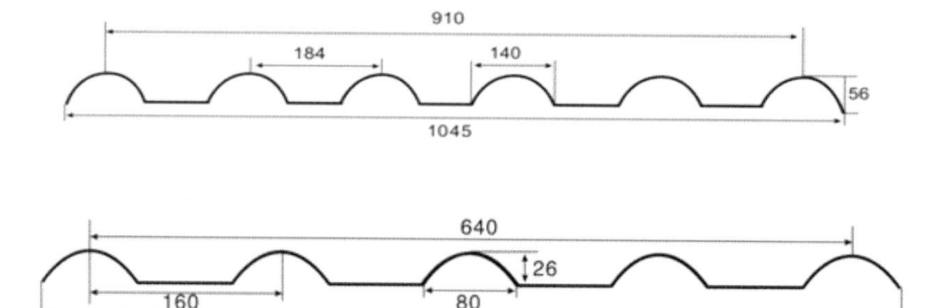

生产企业

山东方兴是靠制瓦创业并发展起来的民营企业，在制瓦行业中已经走过了25年的历程。公司合成树脂瓦产品，是方兴与美国通用电气（GE）新材料公司合作开发的一种高科技、高品质的屋面装饰防水材料，产品先后通过了国家建设部科技成果鉴定，中国环境标志产品认证和ISO9001质量体系认证，被国家科学技术部、商务部、质量监督检验检疫局和环境保护局联合评定为“中华人民共和国国家重点新产品”。该产品在国内“平改坡”市场普遍应用，曾为北京市迎接第29届奥运会、上海2010年世博会、广州亚运会的城市综合改造作出了重大贡献。

方兴建立的瓦展馆是中国民间以屋面瓦为主题的展览馆，展示了中国历代瓦产品的演进，展示了五大洲现代新材料屋面用瓦。

方兴25年历史不长，正在成长着，已经开始融入国际市场，并懂得竞争在市场，决胜在工厂。相信天道酬勤，一分耕耘，一分收获。

4.3.2 新型墙体材料
4.3.2.1 非黏土烧结砖

非黏土烧结多孔砖

FEINIANTUSHAOJIEDUOKONGZHUAN

浙江鑫润建材有限公司主要制砖设备采用电子配料、真空挤出、余热烘干、隧道窑焙烧等先进制造工艺，主要生产非黏土烧结多孔承重砖：240×115×90、200×95×90、190×190×90、200×200×90；非承重砖：240×240×115、200×200×115、190×190×115。

浙江鑫润建材有限公司

地址：浙江桐乡市崇福镇上市村

电话：0573-81887318

传真：0573-81887323

适用范围

广泛应用于市政建设、公寓住宅、办公会馆、别墅、园林景点、旧楼改造、门卫岗亭等诸多建设工程领域。该新型建材也适用于新建的砖混结构以及室内外装饰。

产品规格

产品品种	外形尺寸(mm)	孔洞率(%)	按体积折普通实心砖(倍)
多孔砖(承重)	240×115×90	30%	1.7
	200×95×90	30%	1.2
	190×190×90	30%	2.2
	200×200×90	35%	1.4
多孔砖(非承重)	240×240×115	45%	4.5
	200×200×115	45%	3.1
	190×190×115	45%	2.8

技术指标

1．非黏土烧结多孔砖按照国家标准GB 13544组织生产；
2．保湿、隔热、隔声性能优越；
3．重量轻：孔洞率高达30%以上，重量轻；
4．强度好：紧密度高，外表光洁度好，强度高；
5．无毒：页岩、矿山碎屑、粉煤灰（煤渣）与建筑垃圾等混合制砖，经高温焙烧所含有害物质被分解，气体经处理达标排放。

工程案例

绿城房产、金都集团、保利地产、广厦房地产、众安房地产、南都房产、西湖房地产、嘉业房地产、大华建设、巨匠建设、浙江同安建设有限公司、浙江振业建设发展有限公司、浙江恒力建设有限公司等。

生产企业

浙江鑫润建材有限公司位于桐乡市崇福镇上市村俞家渡，主要生产非黏土烧结多孔砖，属技改工程，总投资8000万元人民币，拥有3.3米隧道窑4条，烘干窑6条，采用JKY－75－4.0型双级真空挤出机及一次半码烧工艺，生产过程实行电脑自动控制，年生产非黏土烧结多孔砖一亿块，是目前桐乡地区规模较大的新型墙体材料生产企业，已列入嘉兴市新型墙体材料示范企业和浙江省资源综合利用示范企业。建设单位使用本公司非黏土烧结多孔砖，嘉兴市可享受返退墙改基金优惠政策。

4.3.2.2 砌块

砂加气混凝土精确砌块

SHAJIAQIHUNNINGTUJINGQUEQIKUAI

新型砂加气混凝土精确砌块（梁和板）是以长江淤沙或硅石砂、水泥、高钙生石灰、石膏和铝粉等为主要原材料，经配料、搅拌、浇注、预养、切割，在高温高压下养护而成的细密多孔状轻质加气混凝土产品。简称：AAC(ALC)，马来西亚中文名：环保轻砖。

适用范围

新型砂加气混凝土精确砌块广泛适用于各类建筑内外墙和建筑保温及建筑装饰等工程中，是高档住宅、星级宾馆、商办设施、厂房及公共建筑物的首选材料之一。

黄石市神州建材有限公司

地址：黄石大道661号（西塞工业园风波港村）

电话：0714-6406003

传真：0714-6406631

产品规格

规格	尺寸（mm）
长度L	600
厚（宽）度B	30，40，50，75，100，120，150，200，250，300
高度H	300

其他规格可根据用户需要，定型生产。

技术指标

按标准GB 11968执行，具体如下：

1.新型砂加气混凝土精确砌块主要技术性能指标（优于GB 11968）

种类	密度（kg/m^3）	导热系数［W/(m•K)］
蒸压砂加气混凝土精确砌块	300～600	0.07～0.12
普通加气砌块	625～800	0.13～0.16
烧结实心砖	1600	0.81
烧结多孔砖	1200	0.43
蒸压灰砂砖	1400	0.4～0.64
钢筋混凝土	2300	1.75

2．新型砂加气混凝土精确砌块与集中墙体材料导热系数比较

项目		技术性能指标			
密度级别		B03	B04	B05	B06
强度级别		A2.5	A3.0	A3.5	A5.0
立方体抗压，kg/m³	平均值	≥2.5	≥3.0	≥3.5	≥5.0
	最小值	≥2.5	≥3.0	≥3.6	≥5.1
平均干密度，kg/m³		≤300	≤400	≤500	≤600
干导热系数，W/(m•K)		≤0.07	≤0.08	≤0.10	≤0.12
抗冻性	质量损失，%			≤5.0	
	冻后强度，MPa			大于立方体抗压强度平均值的80%	
干燥收缩率	标准法，mm/m			≤0.40	

工程案例

武汉建行灾备中心、黄石烟草综合楼、黄石供电怡康花园、大冶建设局锦绣花园、扬子玉龙湾、坤宝-宝石银都、黄石中茵大酒店、黄石正阳湖滨康城等。

黄石烟草综合楼

扬子玉龙湾

坤宝—宝石银都

生产企业

黄石市神州建材有限公司成立于2009年3月，位于黄石市西塞山河西建材工业园，占地面积200亩，计划总投资2.48亿元，分两期建设，一期从事蒸压砂加气混凝土精确砌块（或墙板）和配套砌体及粘结砂浆等新型墙体材料的生产销售，年生产蒸压砂加气混凝土精确砌块30万立方米，生产线已建成投产。二期年产30万立方米蒸压砂加气混凝土板材生产线已在建设；是湖北省墙体革新与建筑节能改革办公室指定的新型墙材生产示范基地，其产品是国家住房建设部墙体革新建筑节能改革办公室首推的绿色环保节能新型墙材料之一。

黄石市神州建材有限公司目前拥有员工200余人，其中大专以上学历50多人。公司采用国内同行业先进的高科技生产设备，聘请国内外知名技术专家加盟指导，为本公司生产一流的产品提供了技术保障，产品进入市场后，立即受到广大开发商和建筑商的青睐，产品价格和订单均保持良好态势，2011年年产值达1.84亿元，2012年1—7月销售收入达1.21亿元。公司也先后被授予“十一五”全省建筑节能与墙体材料革新先进单位、湖北省建筑节能协会理事单位、湖北省新型墙体材料生产示范基地、科技创新示范企业、黄石市“五五”普法依法治理工作先进单位、西塞山区劳动关系和谐企业、西塞山区支持教育事业发展先进单位等多种荣誉称号。

蒸压砂加气混凝土板

ZHENGYASHAJIAQIHUNNINGTUBAN

YTONG伊通蒸压加气混凝土板是以石英砂、水泥、石灰和石膏为主要原材料，以铝粉为发泡剂，经高温高压养护而成的细密多孔状轻质砂加气混凝土制品，根据结构应用部位受力要求，板中配置不同数量的经防腐处理的钢筋网片。作为一种轻质的保温隔热的新型绿色建筑墙材，产品具有轻质高强、尺度精准、施工便捷、保温节能、抗渗防潮、防火阻燃、隔声降噪、降低造价、绿色环保的特点。

适用范围

适用于非抗震设计及抗震设防烈度为8度和8度以下地区的钢筋混凝土结构，钢结构和其他结构的内隔墙和屋面，建筑高度100米以下的外围护墙体。

上海伊通有限公司

地址：上海市徐汇区虹梅路1801号A区凯科国际大厦2803室

电话：86-21-52399600

传真：86-21-52399700

产品规格

品种	长度	宽度	厚度
外墙板	≤6000	600	100、125、150、175、200
内墙板			75、100、125、150、175、200
屋面板			100、125、150、200、250
楼　板			100、125、150、200、250

技术指标

按标准GB 15762《蒸压加气混凝土板》执行，具体如下：

项目		技术参数	
密度级别		B05	B06
强度级别		A3.5	A5.0
抗压强度平均值，MPa		≥3.5	≥5.0
抗压强度最小值，MPa		≥2.8	≥4.0
平均干密度，kg/m^3		≤525	≤625
导热系数，$W/(m^2 \cdot K)$		≤0.13	≤0.15
抗冻性	质量损失，%	≤5.0	
	冻后强度，MPa	≥抗压强度平均值的80%	
干燥收缩率 标准法，mm/m		≤0.50	

施工安装

施工准备→放线、验线→材料进场→卸车、堆放→材料验收→板材运到楼层→板材就位安装→调正→板顶及板底连接件固定→板缝处理→门窗及洞口处安装角钢或扁钢→焊接处防锈处理→ 板缝修补→清理→验收。

工程案例

上海临港普洛斯物流仓库、上海安亭宇航物流园、上海中储物流、上海美特斯邦威厂房、吴中国家电器检测中心、北外滩浩荣国际大酒店、中茵•皇冠国际社区（五星）、上海美林阁机场店、上海锦江之星长宁店、吴中人民医院、苏州大学附属第二院、常熟第一人民医院、苏州园区新加坡国际语言学校、东沙湖邻里中心、江阴空中华西村、启东博圣广场、上海长途客运总站、东莞国际会展中心、上海浦东现代广场、上海财富广场、上海外航大厦、天津信访大厦、上海花旗银行大厦。

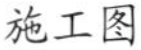

施工图

上海美特斯邦威厂房

上海临港普洛斯物流仓库

生产企业

凯莱集团是全球领先的大型跨国建材集团，总部位于德国杜伊斯堡，旗下拥有众多国际著名的建材品牌，如YTONG伊通蒸压砂加气混凝土产品，Silka蒸压灰砂砖产品和YTONG-Multipor保温隔热板等。

凯莱集团自1997年进入中国市场，陆续在上海、浙江长兴和天津建厂，分别是上海伊通有限公司，长兴伊通有限公司和凯莱建筑材料(天津)有限公司，是中国规模大、技术先进的专业生产YTONG品牌优质蒸压砂加气混凝土（简称AAC）制品及配套产品的制造商，年产量可达130万立方米。

YTONG伊通自进入中国以来，致力于成为中国绿色建筑墙体解决方案的领导者，凭借世界先进的工艺技术和全球化的工程经验，不仅参建了诸多地标级工程项目，而且还与相关主管部门和权威科研机构合作，编写了一系列相关产品的行业标准和建筑设计施工规范，取得了很多科研成果，已成为中国公认的高端砂加气混凝土AAC产品和绿色节能建筑墙体的代名词。

蒸压砂加气混凝土砌块

ZHENGQISHAJIAQIHUNNINGTUQIKUAI

YTONG伊通蒸压加气混凝土砌块是以石英砂、水泥、石灰为主要原材料，以铝粉为发泡剂，经高温高压养护而成的细密多孔状优质AAC产品。作为一种轻质的保温隔热的新型绿色建筑墙材，产品具有轻质高强、尺度精准、施工便捷、保温节能、抗渗防潮、防火阻燃、隔声降噪、降低造价、绿色环保的特点。

适用范围

适用于非抗震设计及抗震设防烈度为8度和8度以下地区的钢筋混凝土结构，钢结构和其他结构的非承重围护墙体和内隔墙。

上海伊通有限公司

地址：上海市徐汇区虹梅路1801号A区凯科国际大厦2803室

电话：86-21-52399600

传真：86-21-52399700

产品规格

	平 口	槽 口	槽口+手执孔
规格(mm)	H B L	H B L	H B L
长度 L	600	600	600
宽度 B	40,50,60,70,75,100,120,150,200,240,250,300	150,200,240,250,300	150,200,240,250,300
高度H	250,400	250	250

施工安装

砌筑施工工艺

清扫楼层基层面→墙体位置弹线放样→设定水平控制线和垂直度控制线→在砌墙位置下先浇水湿润，铺设1:3水泥砂浆垫层→根据水平控制线和垂直度控制线铺设底层第一皮砌块→逐皮砌筑墙体，安装专用L形铁件或采用拉结筋拉结，如有门窗洞口时，根据设计的要求安放门窗洞口的过梁→填缝处理→修正平面与垂直度。

技术指标

密度级别		B03	B04	B05	B06
强度级别		A1.0	A2.0　A2.5	A2.5　A3.5	A3.5　A5.0
立方体抗压强度平均值,MPa		≥1.0	≥2.0　≥2.5	≥2.5　≥3.5	≥3.5　≥5.0
立方体抗压强度最小值,MPa		≥0.8	≥1.6　≥2.0	≥2.0　≥2.8	≥2.8　≥4.0
平均干密度,kg/m^3		≤300	≤425　≤400	≤525　≤500	≤625　≤600
干导热系数,$W/(m^2\cdot K)$		≤0.09	≤0.11	≤0.13	≤0.15
抗冻性	质量损失,%	≤5.0			
	冻后强度,MPa	大于立方体抗压强度平均值的80%			
干燥收缩率 标准法,mm/m		≤0.50			
燃烧性能		A1级不燃			

工程案例

上海瑞虹新城、上海中远两湾城、上海汤臣一品、苏州魅力之城、杭州新湖香格里拉、宁波天合家园、天津万科朗润园、上海世博中心、上海世博主题馆(上海世博展览馆)、上海世博演艺中心(上海梅赛德斯-奔驰文化中心)、上海浦东国际机场、上海豫园老饭店、上海玉佛寺、天津银河购物广场(文化中心商业体)、杭州国际会议中心、浙江省人民医院、苏州市第二人民医院、上海四季酒店、上海瑞吉红塔大酒店、无锡凯宾斯基大酒店、宁波万豪酒店、宁波香格里拉。

生产企业

凯莱集团是全球领先的大型跨国建材集团，总部位于德国杜伊斯堡，旗下拥有众多国际著名的建材品牌，如YTONG伊通蒸压砂加气混凝土产品，Silka蒸压灰砂砖产品和YTONG-Multipor保温隔热板等。

凯莱集团自1997年进入中国市场，陆续在上海、浙江长兴和天津建厂，分别是上海伊通有限公司、长兴伊通有限公司和凯莱建筑材料(天津)有限公司，是中国规模大、技术先进的专业生产YTONG品牌优质蒸压砂加气混凝土（简称AAC）制品及配套产品的制造商，年产量可达130万立方米。

YTONG伊通自进入中国以来，致力于成为中国绿色建筑墙体解决方案的领导者，凭借世界级的工艺技术和全球化的工程经验，不仅参建了诸多地标级工程项目，而且还与相关主管部门和权威科研机构合作，编写了一系列相关产品的行业标准和建筑设计施工规范，取得了很多科研成果，已成为中国公认的高端砂加气混凝土AAC产品和绿色节能建筑墙体的代名词。

蒸压加气混凝土砌块是一种性能良好的新型轻质建筑材料，主要原材料为河砂、粉煤灰、水泥、石灰、铝粉、石膏等,经搅拌、浇注、自动切割、高温蒸养而成。

适用范围

蒸压加气混凝土砌块适用于各类建筑地面（±0.000）以上的内外填充墙和地面以下的内填充墙（有特殊要求的蒸压加气混凝土砌块的墙体除外）。蒸压加气混凝土砌块不应直接砌筑在楼面、地面上。对于厕浴间、露台、外阳台以及设置在外墙面的空调机承托板与砌体接触部位等经常受干湿交替作用的墙体根部，宜浇筑宽度同墙厚、高度不小于0.2m的C20素混凝土墙垫；对于其他墙体，宜用蒸压灰砂砖在其根部砌筑高度不小于0.2m的墙垫。

新疆天山建材新型墙体材料有限责任公司

地址：新疆乌市天山区红雁路264号

电话：0991−2501363

传真：0991−2501363

产品规格

品　名	规　　格		
A3.5　B06级	600×300×100	600×300×150	600×300×175
	600×300×200	600×300×250	600×300×300
A5.0　B07级	600×300×100	600×300×150	600×300×175
	600×300×200	600×300×250	600×300×300

技术指标

按GB11968《蒸压加气混凝土砌块》标准执行，具体如下：

<table>
<tr><td colspan="3">体积密度级别</td><td>B03</td><td>B04</td><td>B05</td><td>B06</td><td>B07</td></tr>
<tr><td rowspan="5">干燥收缩值</td><td colspan="2">标准法，mm/m ≤</td><td colspan="5">0.50</td></tr>
<tr><td colspan="2">快速法，mm/m ≤</td><td colspan="5">0.80</td></tr>
<tr><td colspan="2">质量损失，% ≤</td><td colspan="5">5.0</td></tr>
<tr><td rowspan="2">耐热性</td><td>优等品（A）</td><td>0.8</td><td>1.6</td><td>2.8</td><td>4.0</td><td>6.0</td></tr>
<tr><td>合格品（B）</td><td>0.8</td><td>1.6</td><td>2.0</td><td>2.8</td><td>4.0</td></tr>
<tr><td colspan="3">导热系数（干态）
W/（m•K）≤</td><td>0.10</td><td>0.12</td><td>0.14</td><td>0.16</td><td>0.18</td></tr>
</table>

耐火和隔声性能指标见下表：

砌块厚度（mm）	耐火性能（h）	隔声性能（dB）
75	2.5	38.8
100	3.75	40.6
150	5.75	43.0
200	8.00	—

工程案例

金坤房地产、天运房产、驰达房产公司、康普房地产、广汇房产、华凌房产、亚鸿房产、天山房产、银天大厦、华宇民庭大厦、盈科广场双塔、晨光花园、金银川多层小区等。

生产企业

新疆天山建材新型墙体材料有限责任公司是新疆天山建材（集团）有限责任公司的全资子公司，隶属于中国中材集团有限公司，于2003年10月23日取得乌鲁木齐市工商行政管理局核发的注册号650100050019428企业法人营业执照，公司注册资本4000万元；公司经营地址：乌鲁木齐市红雁路264号；法定代表人：姜少波，公司主营业务：生产销售自保温加气混凝土砌块、石灰粉、水泥、建材机械。

公司现有员工200人，其中各类专业技术人员38人，是乌鲁木齐地区重要的新型墙体材料生产厂家，是自治区新型墙体材料规模较大的生产企业。企业目前获得自治区循环经济试点企业、2012年墙体屋面及道路用建筑材料产品质量国家监督抽查重点企业检查“合格达标企业”、2012年自治区工业化和信息化两化融合示范企业、2012年绿色环保建材诚信企业、2012年中国环保低碳砖瓦砌块采购首选供货单位等荣誉，产品获得自治区节能产品、自治区名牌产品、自治区新型墙体材料、自治区资源综合利用等荣誉认定。

非承重混凝土空心砖

FEICHENGZHONGHUNNINGTUKONGXINZHUAN

非承重混凝土空心砖是以水泥为胶结材料，以钢渣为主要集料，通过电子计量自动配料，经加水搅拌、振动加压成型、自然养护而成的空心率大于25%，用于非承重结构部位的砖，本产品执行中华人民共和国国家标准《非承重混凝土空心砖》，标准号：GB/T 24492。

张家港恒乐新型建筑材料有限公司

地址：江苏省张家港市乐余镇齐心村

电话：0512-58566351

传真：0512-58566198

适用范围

适用于框架结构的墙体、水沟、围墙等非承重部位的砌体。

技术指标

按GB/T 24492《非承重混凝土空心砖》标准执行，具体如下：

检测项目	单位	技术要求	实测结果	单向评定
外观质量 尺寸偏差	块	不符合试件数	0	合格
密度等级	kg/m^3	≤1400	1260	合格
强度等级	MPa	平均值≥10.0	10.1	合格
	MPa	单块最小值≥8.0	8.7	合格
相对含水率	%	≤35	35	合格
线性干燥收缩率	%	≤0.065	0.029	合格
抗冻性（F25）	%	强度损失≤25	18	合格
	%	质量损失≤5	2	合格
碳化系数	—	≥0.80	0.95	合格
软化系数	—	≥0.75	0.92	合格
放射性	—	内照射指数I_{Ra} ≤1.0	0.1	合格
	—	外照射指数I_r ≤1.3	0.3	合格

产品规格

240×115×90；其他规格尺寸可由供需双方协商确定。

施工安装

非承重混凝土空心砖的施工安装要点应遵守《墙体材料应用统一技术规范》（GB 50574）。

工程案例

江苏涟水建设工程有限公司办公楼工程，工程由无锡轻大建筑设计研究院有限公司设计，江苏涟水建筑施工工程有限公司施工，所有建筑墙体材料均使用张家港恒乐新型建筑材料有限公司的钢渣砖。

生产企业

张家港恒乐新型建筑材料有限公司是江苏沙钢集团有限公司的子公司，由江苏沙钢集团有限公司与欣成国际有限公司共同出资组建，对沙钢炼钢生产的钢渣进行综合开发利用。项目总投资6800万美元，注册资本5500万美元。张家港恒乐新型建筑材料有限公司地处张家港市乐余镇的齐心村，现有职工109人。

张家港恒乐新型建筑材料有限公司共有钢渣混凝土砖生产线5条，年设计生产能力：普通混凝土空心砌块30万立方米。主要产品有普通混凝土小型空心砌块、非承重混凝土空心砖，混凝土路面砖、混凝土实心砖等。我公司普通混凝土小型空心砌块、非承重混凝土空心砖两种产品于2011年11月经上级认定为“江苏省新型墙体材料产品”，认定证书号分别为B111EF18ZZ、B111EF18KZ。

办公楼周边

非承重混凝土空心砖

生活楼办公楼

4.3.3 资源综合利用材料

ZHIWUXIANWEIBAOWENBAN

绿环植物纤维保温板主要原料取用农林废弃物秸秆、锯末、荒草等，农林废弃物在产品的体积中占60%。这些“植物纤维”具有轻体、保温、绿色环保、与人体天然适应性等优点，使墙材和建筑具备了绿色、节能、轻体、舒适的特性；并且在建筑全寿命使用后，可回收再利用。例如：所有系列墙材，建筑拆除后可粉碎成1.5～2cm颗粒，用作道路垫层材料；粉碎成3～5cm颗粒，用作外墙保温填充材料。

河北绿环新型墙材科技有限公司

地址：河北宣化半坡街通力达大楼内

电话：0313－5062136

传真：0313－5062136

生产线

适用范围

适用于框架结构的墙体、水沟、围墙等非承重部位的砌体。

技术指标

材料种类	密度 (kg/m^3)	使用厚度 (cm)	使用质量 (kg/m^2)	导热系数 [W/(m^2•K)]	热阻值 (m^2•K/W)	利用空气间层间距	外围护结构方式	施工速度 3人组日/m^2
植物外墙保温板	375	20	75	0.0379	2.55	4层×3cm	夹芯外保温	40

施工安装

使用快速螺栓与混凝土、钢、轻钢连接；节点紧凑严密；安装快速便捷；节点属掩埋式，防腐坚固。

工程案例

世纪豪园

南京别墅

万豪商务会馆

生产企业

河北绿环新型墙材科技有限公司主研方向为环保节能产品、循环经济产品、生态利废用产品，是以“植物纤维（秸秆）省地、节能轻体新型别墅”为终端产品的新墙材科技研发项目。项目实施3年中，公司完成9项植物纤维专利产品的研发、试制、标准制定、检验检测、办理生产许可证、取得专利证书工作。即植物纤维外墙保温板、植物纤维高强楼板、植物纤维防火防水屋面板、植物纤维内墙隔板、植物纤维省地节能轻体别墅、植物纤维承重柱、植物纤维承重梁、植物纤维屋架。已进入市场的产品目录：“植物纤维省地节能保温轻体别墅”“植物纤维保温外墙板”“植物纤维防水放火内墙屋面多用板”“植物纤维高强楼板”“植物纤维承重柱”“植物纤维承重梁”“植物纤维承重屋架”“中水利用节水系统”等系列产品。

自保温墙体材料规格主要有普通标准砖、盲孔砖和承重砌块，产品质量符合国家建材行业JC 239标准要求。

山东炜烨新型建材有限公司

地址：滨州市沾化经济开发区恒业五路

电话：0543-7817722

传真：0543-7817123

适用范围

主要用于多层结构建筑（承重）墙（除长期受热200℃以上或受急冷急热和有酸性介质侵蚀的建筑部位以外）。

产品规格

1．标砖 240×115×53。
2．盲孔砖 240×115×90。
3．（承重型）小型空心硅酸盐混凝土砌块 390×190×190。

技术指标

符合 JC/T 525《炉渣砖》及 JC 239《粉煤灰砖》要求，具体如下：

1. 重量级别（kg）： 06～07。
2. 表现密度（kg／m^3）： 600～700。
3. 抗压强度（MPa）： 06级 3.5，07级 5.0。
4. 干燥收缩率（mm/m）： 0.4。

工程案例

沾化县城市供热中心项目、富源社区住宅小区项目等。

生产企业

山东炜烨新型建材有限公司成立于2012年9月25日，注册资金1000万元。山东炜烨新型建材有限公司系山东炜烨集团有限公司下属子公司山东炜烨镍业有限公司的控股子公司。山东炜烨集团有限公司位于山东沾化经济开发区内，其成员企业包括山东炜烨集团有限公司、山东炜烨热电有限公司（控股）、山东省沾化兆康电力工程有限公司（全资）、山东炜烨镍业有限公司（全资）、沾化县炜烨置业有限公司（控股）、沾化县汇通热力有限公司（全资）、沾化县黄三角土地开发有限公司（全资）、沾化县炜烨物流有限公司（全资）、山东炜烨节能新材料有限公司（控股）等。山东炜烨集团有限公司注册资本金人民币1亿元，营业范围包括热电生产和供应、海水综合开发和利用、电力工程、工业民用建筑工程、机电安装工程、市政工程、电气材料销售、旅游服务、港口服务、物流服务、物业服务、建筑材料的生产和销售以及批准范围内的进出口业务。截止2011年底，在册职工1500余人，固定资产11.2亿元。2011年度，集团公司实现销售收入31.3亿元，上缴税金12493万元，实现净利润10346万元。

山东炜烨新型建材有限公司坚持以“整合资源、聚合能源、循环利用、集约增长”为发展战略，以“回报客户、奉献国家、惠及社会、造福人类”为企业使命，抢抓“地处黄河三角洲高效生态经济区开发和山东半岛蓝色经济区建设主战场”的历史性机遇，坚持走新型工业化道路，突出发展生态循环经济，为优化集团产业结构，进一步推动滨州实现“赶超战略”，对镍合金废渣、电石渣进行综合利用，建设年产2.6亿块废渣蒸压砖新型建材项目。本项目的承办单位为山东炜烨新型建材有限公司，法定代表人为薄其珉。

粒化高炉矿渣粉，即以粒化高炉矿渣为原料，可掺加少量石膏磨制成一定细度的粉体，简称矿渣粉。矿渣粉可等量替代各种用途混凝土及水泥制品中的水泥用量，可以明显改善混凝土和水泥制品的综合性能。

张家港恒昌新型建筑材料有限公司

地址：江苏张家港市锦丰镇
电话：0512-58566351
传真：0512-58566198

适用范围

主要在水泥中掺合以及在商品混凝土中添加，可以提高水泥、混凝土的早期强度，改善混凝土的某些特性（如和易性、提高早强、降低水化热等）。

产品规格

S95级矿渣微粉

技术指标

按国标GB/T 18046《用于水泥和混凝土中的粒化高炉矿渣粉》执行，具体如下：

检验项目		单位	技术要求	检验结果
密度		g/cm^3	≥2.8	3.0
比表面积		m^2/kg	≥400	483
活性指数	7d	%	≥75	87
	28d	%	≥95	107
流动密度		%	≥95	102
含水量（质量分数）		%	≤1.0	0.02
三氧化硫（质量分数）		%	≤1.0	0.02
氯离子（质量分数）		%	≤0.06	0.01
烧失量（质量分数）		%	≤3.0	0.4
玻璃体含量（质量分数）		%	≥85	95
放射性核素限量	内照射指数，I_{Ra}		≤1.0	0.4
	照射指数，I_r		≤1.0	0.5

施工安装

1．单掺矿粉时，以30%～40%为宜。大体积混凝土可增至50%以上，以达到明显降低水化热的目的。

2．复掺时，总取代量不宜超过50%。粉煤灰控制在20%以内，矿粉控制在30%以内。

3．初期使用时，建议粉煤灰控制在10%以内，矿粉控制在20%以内，大体积混凝土可适当放宽。受施工进度、结构形式、养护手段和人员素质等方面因素的影响，混凝土的养护经常得不到重视。特别是竖向结构，如剪力墙、柱等，由于不便养护，一些单位常常是涂刷养护剂了事，而养护剂的效果很难在短期验证，使混凝土的养护出现不少问题。在矿粉或矿粉和粉煤灰复合掺加的情况下，更需要加强养护，只有充分养护才能发挥掺合料的作用。

工程案例

京沪高铁、沪宁城际、世博会中国馆、黄海大桥、崇启大桥、中华船厂二期、上海中心以及苏州、无锡地铁工程等国家、省市重点工程。

杭州湾跨海大桥

黄海大桥

京沪高铁

上海中心大厦

世博会中国馆

苏州轻轨

生产企业

张家港恒昌新型建筑材料有限公司（以下简称公司）始建于2002年，位于张家港市北部锦丰镇沙钢集团区域内，北临长江，南靠西张高速公路，水运至吴淞口144km，公路至上海173km，区域位于长江三角洲，临江近海，借助长江黄金水道，物流便捷，运输费用低。公司目前拥有总资产4亿多元，占地面积200余亩，职工200余名，年生产能力360万吨。

公司注重科学管理，推行清洁生产，每条生产线均配备先进的环保、节能和安全、消防设施，采用先进的生产工艺，不断采用国际标准，建立有效的运行管理体系，并适时引进先进的管理方法、管理理念，不断提高产品实物质量水平，来满足顾客需求。

4.4 环保

4.4.1 环境功能材料

4.4.1.1 吸声材料

木丝水泥板

MU SI SHUI NI BAN

木丝水泥板是一种由木丝及特种水泥制造而成的多用途的无机建筑新材料，具有保温节能、防火阻燃、防潮渗水、防虫防蛀、防霉防腐、隔声吸声、抗冻、防静电、强度高、相对密度轻、不含挥发性污染物，可锯、可钉，可涂层，可造型装饰，价格低廉等优点。产品广泛应用于建筑行业、装饰行业、家具行业、吸声隔声屏障等，且施工方便、砌筑效率高、自重低、质优价廉。

无锡泛亚环保科技有限公司

地址：江苏省宜兴市陶都路888号

电话：0510-87499930

传真：0510-87499726

适用范围

1. 自保温免脱模板：既有传统模板之作用，又做保温层使用，使模板、保温层一体化，免除了拆除模板、安装保温层等工序，使施工更为便捷，可以替代传统模板及建筑保温隔热领域应用的保温砂浆、有机保温材料。产品导热系数低、无放射性有害物质，不仅具备防火保温、隔热吸声、防霉防潮等综合特性，其特有的自保温优越性能，是传统单一模板或单一保温材料不能比拟的。

2. 室内隔断、装饰、吊顶、保温：本产品用于建筑内部隔断、装饰、吊顶、保温，不仅保温隔热、隔声吸声，更重要的是其防火等级是A2级，环保指标为E0级，是真正的绿色、环保、节能的综合产品。

3. 别墅、快速搭建式房屋及与轻钢结构配套的相关住宅：在住宅产业化发展模式的背景下，该产品施工便捷，提高施工速度，节约人工成本。

本产品的产业化和推广应用，是对建筑领域的革新，在国家大力推进城镇化建设的背景下，符合建设节约型、环境友好型社会和资源综合利用、发展循环经济的产业政策，将成为节能建材的发展方向。

技术指标

按标准JG/T 357《木丝水泥板》执行，具体如下：

项目	计量	指标	检测结果	单项评价
密度	kg/m³	400～550	450	符合
导热系数	W/(m•K)	≤0.08	0.072	符合
燃烧性能		B1级	A2级	符合
抗弯承载力，板自重倍数	MPa	≥1.5	5.9	符合
干燥收缩值	mm/m	≤1.5	1.5	符合
抗折强度	MPa	>2	2.8	符合

施工安装

1．免脱模板：在浇筑混凝土前，WWCB免拆模板应隔天洒水湿润。

WWCB免拆模板表面及基层墙体表面应平整清洁，无油污和杂物等妨碍粘结的附着物，空鼓、酥松部位应剔除，水泥砂浆找平层应与基层墙面粘结牢固，并应经过验收。施工期间以及完工以后24h内，基层及施工环境温度不应低于5℃且不应高于35℃；当需要低于5℃或高于35℃施工时，应采取保证工程质量的有效措施。夏季应避免阳光暴晒，大风和雨、雪天不得施工。

2．装饰板：与现有装饰用的木工板、石膏板施工工法相同，可钉可锯，装饰多样。

3．大型墙体：需对图纸进行分析，优化墙板图纸，进行工厂化加工。结构不同，施工方法亦不相同。

工程案例

宜兴高尔夫球场、宜兴建设局等。

宜兴高尔夫球场

宜兴建设局

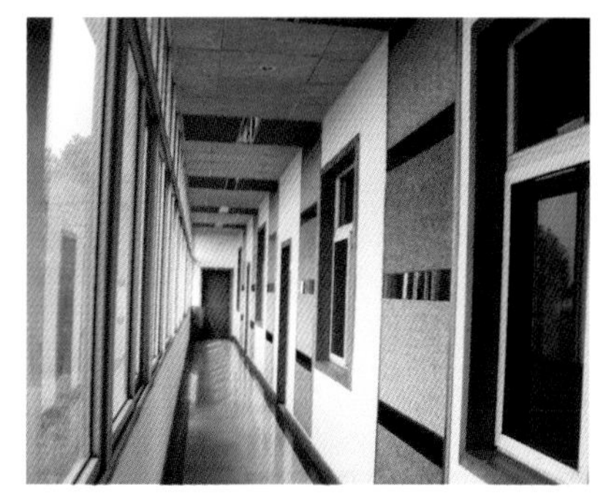

欧司朗食堂

生产企业

无锡泛亚环保科技有限公司是泛亚环保集团公司主体企业之一。无锡泛亚环保科技有限公司下辖有销售先进新型墙体材料为主体的新型墙体产业板块，以高速公路、高铁、专业吸声、隔声工程为主体的声屏障产业板块，环保工程产业板块，建筑构件产业板块四大独立主体产业板块。

车间厂区内

目前，本集团为加快产业结构调整，在发展原有产业的同时，以“引领产业前进，节约社会资源，提供美好居住环境”为目标，从国外巨资引进排他性的先进技术和设备，新上了年产100万立方米的节能、吸声、隔声、阻燃的新型墙体生产线，为各房地产开发商，承建装满工程、吸隔屏障工程、场馆阻燃工程的工程公司提供新型墙体材料产品和满意的指导服务。

泛亚环保集团一直以来招贤纳士，勤于创造，建造了一个又一个高水平、高规格的环保工程。面向未来，我们还将不断完善合作机制，探索合作方式，投入到区域开发和振兴的事业当中。我们期待着与富有远见的地方政府精诚合作、互利共赢。

本吸声保温板是100%聚酯纤维通过无纺织造的形式压制成的板材。该吸声装饰艺术板的可塑性强，可以根据客户的需要任意裁剪其形状；吸声效果好，通过适当的施工安装，其平均吸声系数$\bar{\alpha}$=0.88，降噪系数NRC=0.95；安全性好，产品在其生产过程中不加入任何化学用剂，没有毒害产品的释放；环保性能好，产品原材料是100%聚酯纤维，可以完全回收再利用；保温效果好，聚酯纤维的导热系数为0.037W/（m•K），可以起到保温绝热的作用。

苏州佰家丽新材料科技有限公司

地址：江苏省苏州市相城区阳澄湖生态休闲旅游度假区澄林路
电话：0512–68636112
传真：0512–68636112–8008

适用范围

本吸声保温板具有吸声、阻燃、无毒无害、无刺激性、无异味的特点，是集吸声、隔热及装饰效果为一体的新型装修材料。产品可广泛应用于体育场馆、影剧院、音乐厅、公共交通、家居系统、保温隔热系统等领域。PET吸声装饰艺术板应用于影剧院等大型室内场所，可以起到吸声的效果，调整影剧院的混响时间，使得厅堂内的声音达到其最佳效果；应用于公共交通，可以用在隔声屏障，隔断噪声的继续传播，给人们的工作生活提供一个安静的环境；应用于家居系统，可以起到装饰装修的效果，增加室内空间的活跃气氛；应用于保温隔热系统，可以起到节能降耗的效果，同时提高了能源的利用率。

产品规格

产品规格包括：2440×1220×6、2440×1220×8、2440×1220×9、2440×1220×12、2440×1220×15、2440×1220×25等。

施工安装

基层处理→龙骨、底板施工→整体定位、放线→内衬及预制镶嵌块施工→面层施工→理边、修整→完成其他涂饰。

技术指标

本产品的各项技术性能指标满足企业贯彻执行的ISO9001质量认证体系、ISO14001环境管理认证体系、Oeko-Tex Standard 100产品环保体系的认证以及行业内有关的各项法规和标准所规定的要求。公司申请了江苏省质量技术监督局认可的企业产品执行标准证书，具体指标如下：

指标名称	指标值
密度	250kg/m³
吸声系数	0.88
降噪系数	0.95
导热系数	0.039W/(m•K)
燃烧性能	B级
甲醛释放量	E0级
冻融性能	符合RoHS 2011/65/EC

工程案例

北京奥运会柔道跆拳道馆、射击馆；上海世博会韩国企业联合馆、非洲联合馆、中国铁路馆、阿根廷馆；北京嘉禾院线；四川太平洋院线；中国国际广播电视台；中国移动；南京军区警备司令部会议室；人民大会堂广西厅；最高人民法院；中央音乐学院；全国总工会；中国地震局；天津海关；长春国际会展中心等。

北京奥运会射击馆

上海世博会

苏州文化中心接待厅

生产企业

苏州佰家丽新材料科技有限公司成立于2007年，占地面积25000平方米，毗邻阳澄湖风景区。公司集研发、生产和销售声学科技材料于一体，在声学材料的制造上一直处于世界领先地位。公司分为制造一部和制造二部，制造一部主要生产吸声毡、吸声板、吸声棉、吸声体、压膜板、印花板、烫金板等产品，制造二部主要生产组合吸声体、软硬包等产品。

公司以聚酯纤维为原料，利用其特有优势，集中企业研发技术力量，聘请了清华大学、同济大学、上海交通大学等知名院校的专家教授成立研发指导小组，制定战略目标，规划研发方向，建立管理模式，使新产品研发的各个环节都能如期、有秩序、准确地完成。

作为聚酯纤维材料领先制造商之一，我司充分利用它的无毒性、吸声性和保温性来创造多功能产品，集功能和装饰为一体，来提高我们的日常生活水平。

木丝水泥板

MU SI SHUI NI BAN

安达木丝板选用速生杨和水泥为原料，从原料到产品都无挥发物、辐射物，生产过程中不添加其他化学材料，是一种真正的环保建材。产品同时具有零甲醛、保温节能、吸声、阻燃、防潮、防腐、抗白蚁等多种优良性能。

该产品是一种多功能建材，可以用于建筑行业，也可以用于装饰行业。建筑类木丝板的应用主要有免拆模板、建筑维护墙体、屋面板、外墙保温板、建筑层板及非承重隔墙板，可以节能、节省工时、增大使用面积、降低建安成本，符合国家建筑节能的要求。百年安达公司工厂化生产适合不同环境和民族风格的木丝板标准化低碳房屋，节能率可达70%以上，为发展住宅产业化服务；应用于新农村建设，是农民新建住房的首选房屋。

安达木丝板作为装饰板使用，可吊顶，可装饰墙面，可以吸声和装饰一次成型，施工简单质感好，可以根据设计要求喷绘各种图案，安装过程不使用胶，无甲醛，可确保人们身体健康不受到威胁；独特的蜂窝状孔隙，加强水分的吸放，可以调整室内空气的湿度，使用木丝板装修后可以有效避免结露现象的发生。木丝经过矿化，可以防潮、防腐，而且不利于螨虫、白蚁等害虫栖息，不生霉菌。

百年安达建材有限公司

地址：北京市大兴区榆垡镇开发区1号

电话：010-89214455

邮箱：eltolgm@126.com

适用范围

1．保温、隔热系统（既有建筑节能改造或新建建筑保温体系）。
2．免拆模板与保温系统一次成型，缩短施工周期。
3．框架结构房屋围护墙体及外墙挂板。
4．需要声学处理的场所（录音棚、影剧院、体育场馆、声屏障等）。
5．工民建室内装饰。

产品规格

2400×600×25；2400×600×20；特殊规格尺寸可由供需双方商定。

技术指标

按JG/T 357《木丝水泥板》执行：

性能	指标
密度，kg /m	≤510
导热系数，W/(m•K)	0.08
燃烧性能	B1级
吸声系数α	0.90
甲醛释放量，mg/L	0
弯曲强度，N/mm^2	2.1
24h吸水厚度膨胀率，%	≤1

工程案例

奥运圣火传递珠峰大本营、国家话剧院、星美国际影城等。

奥运圣火传递珠峰大本营

国家话剧院

星美国际影城

生产企业

百年安达建材有限公司是一家集研发、生产、销售、服务为一体的建材生产经营型企业。公司地处京津经济带，紧邻京开高速公路，距京城中心区只有30公里。公司占地15万平方米，投资2亿，引进了目前国际先进的全套生产线，全面推进ISO9000体系和ISO14000体系管理。公司96%的管理人员、设计人员具有本科以上学历，100%生产工人经过了专业培训，并在实际工作中不断得到强化训练。

4.4.1.2 低噪声排水系统

聚丙烯静音管材及管件

JUBINGXIJINGYINGUANCAIJIGUANJIAN

本公司引进吸收西方发达国家先进的生产工艺，借鉴世界名品的生产经验，自主研发了新型原材料，生产出具有优异降噪功能、耐高温性能、抗老化、耐酸碱、高强冲击韧性的三层共挤聚丙烯静音管材及管件。产品在国内首家通过标准CJ/T 312-2009系统噪声检测，系统噪声低于铸铁管，达到世界水平；管件的厚度、密度（单重）高于任何一个同类产品。

“神通”聚丙烯静音管材及管件在国内多个大项目上的运作成功，推动了聚丙烯静音管的普及，经过市场的检验，时间的历练，该产品被用户定位为高品质静音管材。

尼奥浦神通（上海）管业有限公司

地址：上海市金山区吕巷镇干巷工业园荣东路800号

电话：021-57208780

传真：021-57208706

适用范围

1.高层楼宇室内排水。

2.医院、宾馆、学校、健康住宅等。

3.对环境噪声有标准限值的室内排水。

4.工业排污、排废。

产品规格

公称外径	50	75	110	160	200
公称壁厚	3.2	3.8	4.5	5.0	6.5

产品性能

管材：满足标准CJ/T 273《聚丙烯静音排水管材及管件》的技术要求。

管件：满足标准CJ/T 273的《聚丙烯静音排水管材及管件》的技术要求。

系统噪声：依据标准CJ/T 312，流量为2L/s时，系统噪声为47dB(A)。

工程案例

上海气象综合业务大楼、上海宝莲城商住小区、上海市政协大楼、昆山绿地21世纪诚170万平方米、上海钢铁大厦、北京天润福熙大道、北京广泰商住小区、北京芙蓉花园、天津渤龙湖高档商住小区、天津航天精工、无锡湖滨景怡楼、南京政治学院上海分院后勤综合保障楼等。

生产企业

尼奥浦神通（上海）管业有限公司是由上海江建实业独家投资，与境外著名企业技术合作而组建的集研发、生产、销售为一体的专业生产聚乙烯、3S聚丙烯静音排水管材管件的新型建材企业。

公司借鉴世界名品的生产经验，与国外知名管道公司进行频繁的技术交流，与金山石化、上海华鳌等具有雄厚研发生产实力的机构进行合作，开发了自己专有的原材料，生产出具有优秀降噪功能、耐高温性能、抗老化耐酸碱、高强冲击韧性的三层共挤聚丙烯静音室内排水管道系统，产品在国内首家接受CJ/T 312噪声检测，系统噪声低于铸铁管，达到世界水平。按照CJ/T 273产品标准，经国家化学建材测试中心检测，各项性能指标达到国内先进水平，管件的厚度、密度（单重）均达到标准要求。

2009年，“神通”被评为“中国著名品牌”，产品入选“中国优质产品”，公司被中国产品质量安全监督中心授予“质量、服务、信誉AAA级单位”。同时，公司通过了ISO9001质量管理体系认证、ISO14001环境管理体系认证，为质量、环境安全提供了可靠的保证。

HDPE同层排水系统

HDPE TONG CENG PAI SHUI XI TONG

相对于传统的隔层排水处理方式，同层排水方案最根本的改变是通过本层内的管道合理布局，彻底摆脱了相邻楼层间的束缚，避免了由于排水横管侵占下层空间而造成的一系列麻烦和隐患，包括产权不明晰、噪声干扰、渗漏隐患、空间局限等，同时采用壁挂式卫生器具，地面上不再有任何卫生死角，清洁打扫变得格外方便。

吉博力HDPE同层排水系统主要由HDPE管道及管件与隐蔽式卫浴安装系统两部分组成。

吉博力HDPE管道采用高标准原料及独特的工艺生产而成，具有抗冲击性能强、经久耐用、适用温度范围广、抗老化与抗化学性能出色等独有品质。

隐蔽式卫浴安装系统是吉博力同层排水系统中的重要组成部分，也是吉博力在全球范围内最为知名的产品线之一。隐蔽式安装系统将所有卫浴管道、水箱和安装支架整合在假墙内，墙外仅露出壁挂式卫生器具作为同层排水的入口，给卫生间留出无限创意的空间。

吉博力HDPE同层排水系统具有较强的降噪效果，使用dB20静音管道立管系统，在国外检测最佳达到20分贝的降噪效果。

其采用的4.5L冲水隐蔽式水箱具有完善的节水功能，并可调。

吉博力集团（GEBERIT）中国办事处

地　址：上海嘉定惠平路1515号

电　话：010-67043488

传　真：021-61853230

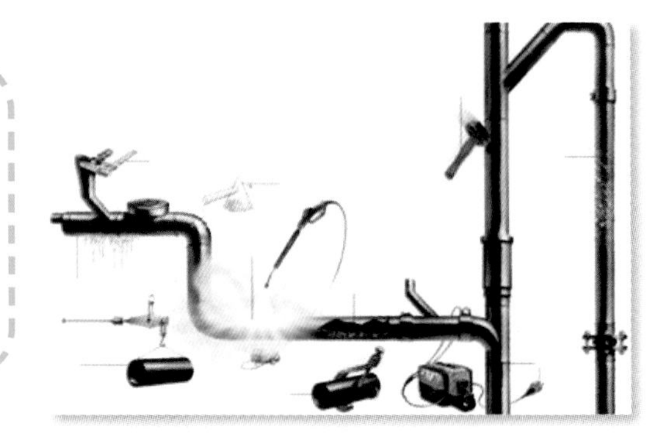

适用范围

民用与公用建筑排水系统。

产品规格

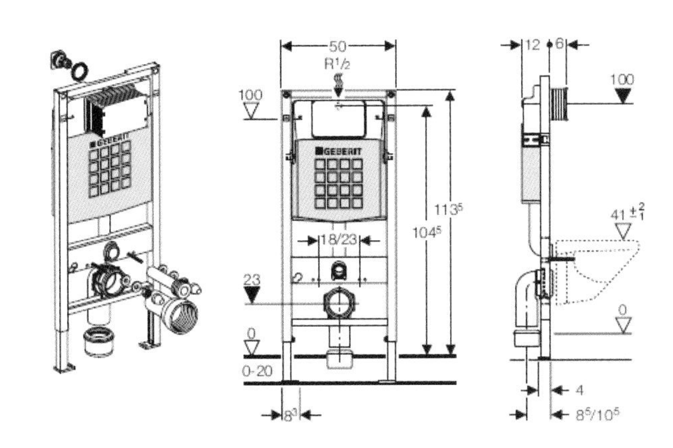

高度：113.5cm
支撑脚调节范围：0～20cm
冲水量可调：
工厂水量冲水设定3L、6L；
大水量可调节为4.5L，6L调节。

工程案例

华远•昆仑公寓、华远•裘马都、银泰•柏悦府、绿城•御园、绿城•诚园、北京INN、当代•万国城、华远•昆仑公寓、华远•裘马都、兆泰•优唐、复地•新天嘉园、复地•西绒线26号、远洋公馆、SOHO•北京公馆、SOHO•三里屯等。

生产企业

来自瑞士的吉博力集团（GEBERIT），是欧洲卫浴科技的市场领导者，业务遍布全球。针对亚洲和北美市场，吉博力特别提供符合当地市场需求的产品设计，并专门在中国上海和美国芝加哥设立了区域研发中心。公司在7个不同的国家设有15个生产工厂，主要的生产基地位于瑞士、德国和奥地利。

目前吉博力公司在北京、上海、广州、杭州、南京、成都、武汉、沈阳、西安、青岛、海南、天津、太原等地都成立了独立办事处，以更好地开拓中国市场，为中国的给排水领域掀起新的技术潮流。

旋流降噪特殊单立管排水系统

XUAN LIU JIANG ZAO TE SHU DAN LI GUAN PAI SHUI XI TONG

旋流降噪特殊单立管排水系统是我公司自行设计、自主研发、具有国际先进水平的新型节能环保的建筑排水系统。该产品具有消音降噪、排水能力超强、绿色环保等特点，成功解决了建筑排水管道噪声大、排水能力小的世界性难题，是建筑排水系统的一次革命性突破与创新。

浙江光华塑业有限公司

地址：浙江省台州黄岩东城开发区澄江路26号

电话：0576-84279628

传真：0576-84276872

适用范围

各类民用建筑排水系统。

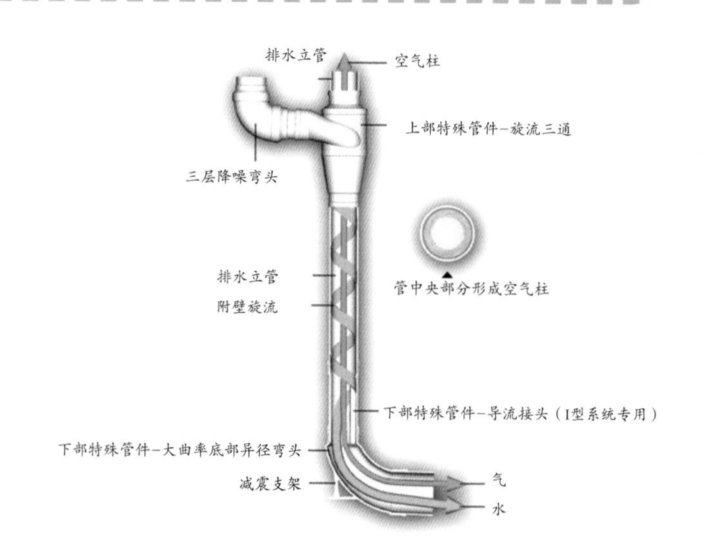

产品规格

旋流降噪特殊单立管排水系统分为I型系统与II型系统。

I型系统：普通排水管材+旋流降噪特殊管件（旋流三通、旋流左90°四通、旋流右90°四通、旋流180°四通、旋流五通、旋流直通+导流接头+大曲率底部异径弯头）+旋流降噪专用配件（旋流通气接头、三层降噪弯头、内塞检查口、深水封P弯、11.25°偏置弯、加强型伸缩节、通气帽、加强型管卡、同层防漏套、同层积水排除器、同层预留孔回填模板）。

II型系统：加强型内螺旋排水管材+旋流降噪特殊管件（旋流三通、旋流左90°四通、旋流右90°四通、旋流180°四通、旋流五通、旋流直通+导流接头+大曲率底部异径弯头）+旋流降噪专用配件（旋流通气接头、三层降噪弯头、内塞检查口、深水封P弯、11.25°偏置弯、加强型伸缩节、通气帽、加强型管卡、同层防漏套、同层积水排除器、同层预留孔回填模板）。

产品性能

漩流降噪特殊管件：理化指标符合GB/T 5836.2的相关要求，产品尺寸符合Q/GHSY 14的相关要求。
加强型内螺旋管材：理化指标符合GB/T 5836.1的相关要求，产品尺寸符合Q/GHSY 15的相关要求。
通水能力：I型系统为6.0L/S；II型系统为10.0L/S。
系统噪声：44.6 dB/A。

施工安装

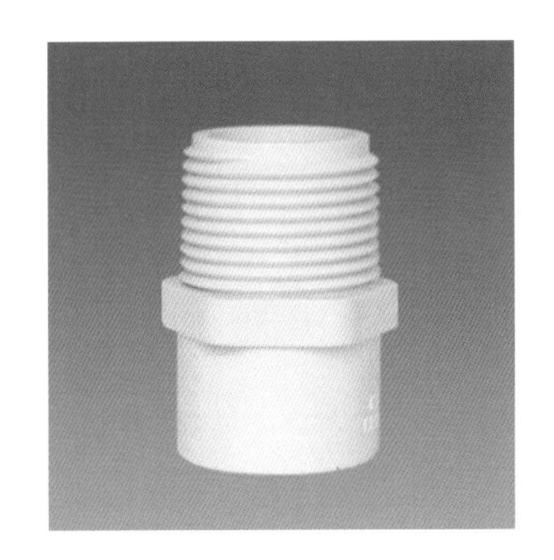

工程案例

安徽省六安市星汇苑小区、福建省福安市水岸明珠大厦、福建省福州阳光理想城丹安顿小镇、河北省保定市阳光水岸小区、河北省保定市望都第一城、重庆南川香格里拉西苑、陕西西安长庆坊小区、北京市海军装备研究院干部公寓楼、山东滨州北海花园三期、山东滨州杏林家园小区（人民医院小区）等。

生产企业

浙江光华塑业有限公司创建于1984年，位于浙江省台州市黄岩东城经济开发区，起步于排水管件模具制造。公司2002年4月成功开发了新型环保产品中空壁消声螺旋管及管件，解决住宅排水噪声烦恼，特别适用于高层建筑排水系统，消声效果很好。2003年6月该产品被列为国家建设部科技成果推广项目。公司2007年自行研发了漩流降噪单立管排水系统产品，发明了建筑排水二级漩流降噪接头、建筑排水用大弧度异径弯头等。该产品能解决现有建筑排水系统的一个世界性难题——建筑排水管道噪声大，排水不畅。公司在新产品开发上始终走在同行业前列。

公司现在浙江、上海、沈阳建有生产基地，资产总规模达3.5亿元，年生产能力超过8万吨。

4.4.1.3 采光材料

纤维增强树脂中空采光板

XIAN WEI ZENG QIANG SHU ZHI ZHONG KONG CAI GUANG BAN

本产品是以玻璃纤维、树脂等为原料，采用国内外首创的紫外光固化技术等先进工艺制备而成的玻璃纤维增强树脂中空采光板（又称GRP板）。产品透光率高（≤85%），保温隔热性能好（传热系数K值≤2.0 W/m^2•K），同时具有隔声、耐光、阻燃、耐腐蚀、机械性能好、无毒无污染等突出性能，是建筑板材的新一代绿色节能优秀产品。

江苏金秋竹集团

地址：江苏省靖江市苏源热电路

电话：0523-84628609

传真：0523-84628609

适用范围

其应用产品主要为屋面板、工业采光带、隔断板、墙板（如厂房、商场、体育馆、博物馆、艺术馆、阳光房等）、地板、门窗板、组装式活动板房、隔声带等一系列衍生产品。

产品规格

厚度（mm）	宽度（mm）		
20	500	1000	—
50	500	1000	1500
100	—	1000	1500
150	—	1000	1500
长度（mm）	—	≤10000	—

产品性能

本产品按Q/321282 JCF 24《纤维增强树脂中空采光板》执行，具体指标如下：

项目	指标
抗弯强度，MPa	≥80
K值，W/(m^2•K)	1.19～2.0
可见光透射比，%	≤0.85
隔声性能，dB	28～35
燃烧性能等级	B1

工程案例

中国人民解放军某部队、中航通用飞机有限公司、南山集团有限公司烟台莱山机场、中国特种飞行器研究所、香港驻港部队、兰州军区格尔木机场、天津空客A320机翼项目等。

空军机库门

生产企业

江苏金秋竹集团是集科技研发、加工制造、安装服务、国际商贸于一体的大型高科技企业集团，是国内专业生产工业自动门的骨干企业。“金秋竹”已成为中国自动门、开窗机民族工业的知名品牌，先后被评为银行资信AAA级企业，江苏省重合同守信用企业、科技进步先进企业，荣获“江苏省名牌产品”称号，“金秋竹”商标被认定为“江苏省著名商标”。集团2010年获得高新技术企业认证。

本公司设有自动门窗研究所，专业从事自动门、开窗机研究与开发，拥有专业的研发人员、先进的研发设备和检测设备，被认定为市级企业技术中心。公司按照高企标准，每年都投入大量研发资金，切实保证了研究开发工作的顺利进行。

公司荣获“江苏省名牌产品”“国家科技成果奖”“全国建筑标准设计推广优秀产品奖”“中国国际建筑材料博览会金奖”“中国专利及新产品博览会金奖”等称号。

4.4.1.4 空气净化材料

光触媒钛纤瓷板 陶瓷砖

GUANGCHUMEITAIXIANCIBAN TAOCIZHUAN

本产品具有六大优势：

1.有光触媒可抑菌、除臭，能充分发挥自洁、分解、消毒、防霉、除臭、防污、防酸雨的作用，可用于对于卫生要求比较高的环境，如医院的手术室，幼儿园，养老院等。

2.轻、薄、尺寸大。产品轻且薄，厚度只有4mm，7.5kg/pcs重量不到传统陶瓷的1/3；尺寸大，更美观，降低施工成本，缩短施工工期。

3.防潮、防火、经久耐用，不变形，不褪色，耐磨性强，防潮，耐热，防火，易清洁，无辐射，无色差，经久耐用。

4.有弹性、高韧性，和同类产品相比，本产品耐腐蚀且比传统陶瓷有数倍的强度及弹性，不会因紫外线和雨雪起变化，也不会吸水膨胀；在搬运时，不易断裂，长途运输不会破碎。

5.安静、省钱、环保、减少建筑自身荷载，不需敲打，减少噪声污染，废弃物少，可保持室内清洁，切割加工更方便，施工成本低，第二次装修施工期间不必拆原磁砖；施工期间，可照常营业或居住，安静、省钱又环保。

6.装饰艺术性强，颜色丰富，稳定，砖面效果多样化，可与其他材料混搭，个性突出，能给设计师更大的设计空间，是一种个性与艺术品位的体现。

东龙（厦门）陶瓷有限公司

地址：福建省厦门市灌口镇三社路378-398号

电话：0592-6091690转30

传真：0592-6091680

适用范围

1.适用于地铁、隧道等大型公共空间的墙地面。

2.适用于家居装饰，可直接在原有的界面上进行直接铺贴。

3.适用于商场、宾馆的写字楼空间。

4.可用于对卫生要求比较高的环境，如医院手术室、幼儿园、养老院等。

产品规格

1000×2000、1000×2400，可任意裁切。

产品性能

按GB/T 23266陶瓷板、GB 6566放射性、JC/T 897抗菌陶瓷制品抗菌性能执行：

项目名称	指标
厚度	4mm
吸水率，%	平均值E>10.0，单块值E>9.0
断裂模数，MPa	平均值≥30，单块值≥25
抗釉裂性	经检验无裂纹或剥落
抗冻性	经检验无裂纹或剥落
弹性限度，mm	≥12
放射性核素限量	I_{Ra}≤1.0，I_{γ}≤1.3
杀菌率	90%以上
耐污染性	有釉砖：最低3级
抗热震性	经抗热震应无破坏

工程案例

厦门市中山医院工程、厦门市174医院工程、厦门同安古庄别墅工程、厦门前埔迪斯耐幼儿园工程、长乐市消防大厦工程、莆田建峰地产工程等。

莆田建峰地产工程

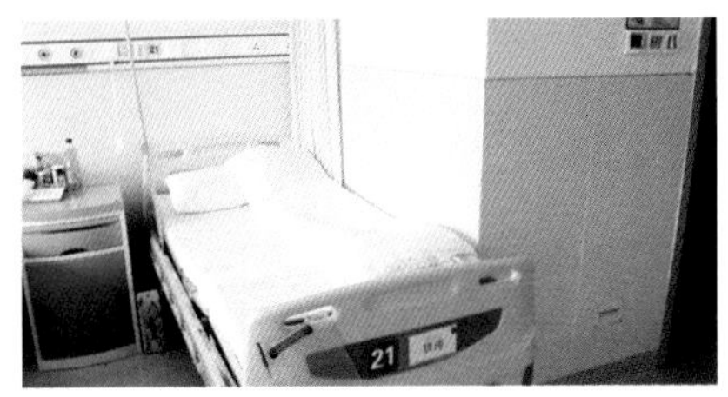

厦门174医院工程

长乐市消防大厦工程

生产企业

东龙（厦门）陶瓷有限公司系台商独资企业，坐落于厦门市集美区灌南工业园，总投资2600万美元，注册资本1749万美元，占地130亩。公司引进了意大利球磨机、萨克米压机、萨克米干燥机、凿边机、施釉线、烘干窑、意大利萨克米窑炉等先进设备，设备配备达到国家质检部门的配置要求，同时还配备了全自动尺寸筛选分级包装系统，使整条生产线全部实现自动化，日产量达5000平方米以上，年产值近亿元，现已发展成为集美区建材行业的龙头企业。

我公司生产的“东龙磁砖”是复古文明的代表，仿古韵味浓厚，具有独特的人文气息。产品开发设计主要依据顾客需求，结合当地的人文精华及回归自然、环保的设计理念来研发。产品配方符合国际标准，工艺合理、科学。产品在生产工艺上采用云彩刷坯技术，干粒止滑效果，高压喷射施釉，滚筒印花印刷，高温快速烧成，电脑尺寸测量，产品品质标准已超过GB/T 4100《陶瓷砖》国家标准，达国际标准。公司目前生产的高级内、外墙砖、磁质地砖、石英砖及凿边系列产品具有高强度、耐酸碱、耐磨耗、抗温差、高抗折、高止滑、吸水率低等特点，从而延长其使用寿命；领导复古潮流产品、款式与规格齐全，搭配方式与铺贴方式可以多样化组合，符合大众化需求。

公司新研发生产的新产品光触媒钛纤板具有超大超薄超轻、除臭、杀菌、自洁的特点，属绿色环保节能产品，适用于商场、宾馆、医院等大型公共建筑。

公司产品已走向北京、上海、武汉、海南、福建、安徽、四川、河南、东北等十多个省市，并于1994年进入欧洲、澳洲、日本、美国等市场，成为国内陶瓷界进入欧洲市场的产品。

公司以“质量第一、用户第一、信誉第一”的经营宗旨，赢得了海内外各界人士的信赖与支持，公司满怀热心愿与各界同仁精诚合作，共创美好未来。

纳米效应多功能氟碳涂料

NAMIXIAOYIGDUOGONGNENGFUTANTULIAO

纳米效应多功能复合涂料是以经表面改性的纳米二氧化钛为功能性浆料，使二氧化钛保持纳米尺寸分布，并与氟碳树脂、溶/助剂等按一定配比，经混合搅拌制成的具有净化空气和电化学防护的多功能复合涂料。

该涂料具有显著的分解甲醛、甲苯和氮氧化物等大气污染物，释放负离子，电化学防护等特点，并保持了氟碳涂料原有的基本性能；生产、施工可按常规设备和工艺进行；可广泛应用于金属装饰材料涂装。

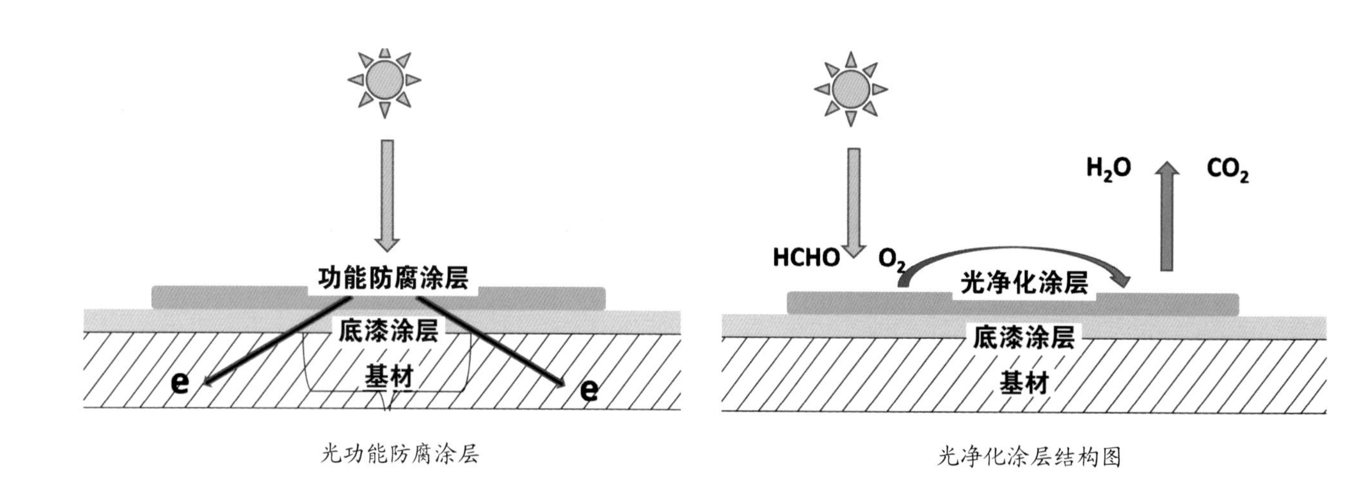

光功能防腐涂层　　光净化涂层结构图

江苏考普乐新材料股份有限公司

地址：江苏省常州市西夏墅工业园微山湖路36号

华东地区：周先生，13776879383

华北地区：耿先生，13910603569

华南地区：王先生，13331057087

适用范围

产品适用于各类金属装饰材料如卷铝、卷钢、铝单板、铝型材的涂装，涂装产品具有与普通氟碳涂层同一级别的耐候性等级。产品可用于建筑幕墙及内外装饰，在满足装饰性和耐候性的同时起到净化空气的作用。

技术指标

项目名称		技术指标
甲醛、甲苯降解率		JC/T 1074 I类产品
空气负离子平均增加量		200个/（s•cm^2）
NO_2光催化净化效率		66.2%
电化学腐蚀保护		无孔蚀、腐蚀电流降低
抗静电性能		表面电阻3.1×108Ω
附着力		0级
铅笔硬度		2H
耐盐酸		无变化
耐硝酸		无起泡等变化，E≤5.0
耐砂浆性		无变化
耐溶剂性		无露底
耐冲击性		正反面铝材应无裂纹,涂层应无脱落和开裂
人工加速老化	褪色	4000h，色差≤3.0
	光泽	4000h，保持率≥70%
	其他老化性能	4000h，不次于0级
耐湿热性		4000h，不次于1级
耐盐雾		4000h，不次于1级

工程案例

北京五棵松篮球馆、上海虹桥机场、广州新白云机场、上海F1赛车场、上海南站、上海虹口区政府等。

北京五棵松篮球馆

生产企业

江苏考普乐新材料股份有限公司成立于2004年，股本5790万元，是拥有自主知识产权的高新技术企业。公司于2010年由常州新刚高丽化工有限公司更名为江苏考普乐新材料有限公司，在此基础上整体变更为江苏考普乐新材料股份有限公司。公司有一支“诚实守信、勤奋敬业、创新务实、和谐讲分享”的经营团队。公司投资数亿元从事环保型、功能性涂料的研发、生产及相关服务业务，为客户提供专业的整体涂装业务解决方案。产品主要有高温喷涂氟碳涂料、高温辊涂氟碳涂料、粉末氟碳涂料、防腐涂料、超耐候粉末涂料、常温自干氟碳涂料、高级丙烯酸涂料等系列产品。

4.4.2 环境安全材料
4.4.2.1 涂料

内外墙干粉乳胶涂料
NEIWAIQIANGGANFENRUJIAOTULIAO

荷仕达内外墙干粉乳胶涂料是一种干燥的粉末材料，加水搅拌后就成为液态乳胶涂料，它既可以在工厂内添加各色粉状颜料，也可在施工现场加入各种色浆形成不同颜色的乳胶涂料。公司从国内外的品种中优选出可再分散性好的干粉乳胶——成膜物，在有关专家推荐下，采用一种可再分散乳胶粉，成功开发了纳米成膜促进剂。该产品为干粉状态，微生物无法生存，无须添加防腐剂、防冻剂、成膜助剂等有机溶剂。所以其环保指标大大超过国家环保标准，真正实现了零VOC（低于国家标准的检出限值）、零甲醛。该产品特有的成膜性能，使之与墙面的各种基材之间形成强大的连接力，和传统的乳胶漆产品相比，与基材附着力更强，漆膜更加坚固，更耐划伤，超耐擦洗。

河北美荷涂料有限公司

地址：河北省徐水县北常保村
电话：0312-8508038
传真：0312-8508038

适用范围

荷仕达干粉乳胶涂料应用于墙体表面的涂装，适用于液态乳胶涂料的施工方法如刷涂、喷涂、滚涂。

产品规格

荷仕达干粉乳胶涂料使用塑料袋包装外加搅拌桶，有5L和18L两种规格。

技术指标

荷仕达零VOC内墙和外墙乳胶涂料分别按GB/T 9756《合成树脂乳液内墙涂料》和GB/T 9755《合成树脂乳液外墙涂料》的国家标准执行；荷仕达零VOC内墙和外墙乳胶涂料中有毒有害物质分别按GB 2440《建筑用外墙涂料中有毒有害物质限量》和GB 18582《室内装饰装修材料 内墙涂料中有毒有害物质限量》的国家标准检测。

施工安装

在建筑涂料使用过程中，内外墙干粉涂料:水=1:（1.4～1.5）。在现场实际施工，多采用手持式电动搅拌枪进行人工搅拌，转速大约700～800r/min，搅拌时间应不超过5min。静置20min让颗粒完全分散。再分散的乳胶涂料是均匀的胶态分散体，在48h内保持稳定，符合施工要求。

工程案例

河北保定新民居、天津大港官港生态园、河北灵峰环保发电有限公司、北京人大附中、石家庄长安大厦、北京北辰高尔夫等。

北京人大附中

北京北辰高尔夫

东湖庄园

长安大厦

生产企业

河北美荷涂料有限公司成立于2010年12月，公司以创建民族品牌、改善人居生活质量为己任，本着高质低碳环保的宗旨，投入巨资，与美国迈克罗纳米技术公司倾力协作，经过不断努力与深入研究，研发出一种具有划时代意义的环保乳胶漆材料——干粉状乳胶漆。该产品具有我国自主知识产权，它的诞生打破了传统乳胶漆行业的固有形态、技术和概念，是乳胶漆行业六十余年发展史上的一场全新技术革命。

河北美荷公司用比国家权威建筑材料测试机构还要严格的标准来研发新产品。荷仕达干粉状内外墙乳胶漆是一种具有超强附着力、耐刷洗和抗老化等特点的新产品。更重要的是荷仕达干粉状内外墙乳胶漆对室内外环境是零污染。该产品各项性能和技术指标均符合或者高于国家规定的要求，同时其各项对人体有害物质的指标均远远低于国家规定的检测值，创造了零VOC、零甲醛、零铅汞、耐擦洗超过五万次等各项前所未有的行业新记录。另外，该产品还具有便于保存运输的特点。河北美荷公司已经被全国高科技建筑建材应用评估专业委员会认定为“全国高科技低碳建筑涂料生产研发示范基地”，被河北省企业市场信用评价中心授予“河北省AAA百佳信用示范单位”。

4.4.2.2 装饰面材

PVC地板彩膜

PVC DI BAN CAI MO

PVC地板彩膜是一种新型环保材料，它具有木纹仿真感强、防水、耐酸碱侵蚀、离火自熄等特点，具有不褪色、不需油漆、操作方便等优点，缩短了生产工期，降低了生产成本，为众多家具、门窗厂家之首选产品，十分有利于室内装修。

产品特点：漆面坚固、不易磨损、不易变形、不易开裂；色泽、纹路分布均匀，没有色差，外观美观；防潮性能好，在潮湿的地方家具不易变形；灵活性强，款式可千变万化；资源利用率高，工艺性能好，便于大批量加工，生产成本低；拥有亮丽、协调的色彩，能与最时尚的设计同步。

浙江帝龙新材料股份有限公司

地址：浙江省临安市玲珑工业区环南路1958路
电话：0571-63722338
传真：0571-63721526

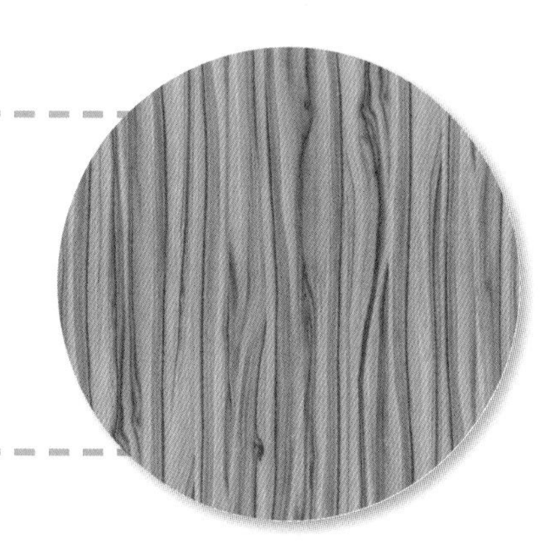

PVC膜

适用范围

主要用于塑胶地板表面的图案；提供给生产塑胶地板生产的厂家作为原材料。

技术指标

项目		指标
抗拉强度	纵向，MPa	50±2
	横向，MPa	43±2
伸长率	纵向，%	≤35
	横向，%	≤10
热收缩率	纵向，%	≤5.6
	横向，%	≤-1.3
光泽度		40～60
UV老化（级）		4～5

产品规格

0.07×1000

施工安装

产品分自粘和无背胶两种，可贴于胶合板、刨花板、纤维板、木工板等各种板材，也可贴于水泥板、石棉板、金属板等多种型材之上。产品可以用手工操作亦可以通过真空覆膜机将PVC装饰片牢固地粘贴于板材表面，该工艺已广泛使用，并已形成工厂化大规模生产。

工程案例

帝高力装饰材料有限公司；
常州双盛新型装饰材料有限公司；
万利环宇贸易有限公司；
浙江晶通塑胶有限公司；
张家港易华塑料有限公司等。

PVC膜

生产企业

帝，要求产品质量是帝王的使用标准；龙，企业的发展立于行业的龙头地位。公司是国内装饰纸行业的上市企业，是专业从事装饰材料的研发设计、生产和销售的国家高新技术企业，主要生产“帝龙牌”装饰纸、浸渍纸、金属饰面板、阳极氧化铝（卷）板、PVC产品五大系列产品。

在各级政府和部门的支持下，公司于2008年6月在深圳A股成功上市。凭借良好的品牌形象、优异的产品质量和扎实的服务能力，帝龙不断发展壮大，企业现占地面积138000m^2，标准厂房910000余平方米，注册资金10020万元；拥有国内领先水平的全自动高速装饰纸印刷生产线15条（配套德国ENULEC公司静电吸墨系统），26色自动配墨系1条，卧式两级浸渍纸生产6条，金属饰面板生产线五条及荷兰引进的拉丝和磨花生产线各1条，阳极氧化铝（卷）板生产线两条。公司自成立以来，先后被评为国家高新技术企业、中国对外贸易AAA级信用企业、全国优秀福利企业、浙江省高新技术企业、浙江省科技型中小企业、浙江省专利示范企业、杭州市AA级标准化企业、杭州市AAA级信用企业；“帝龙”商标被评为浙江省著名商标，其装饰纸和金属饰面板被评为浙江名牌产品。帝龙始终以争创世界名牌产品为目标，产品质量严格把关，实现了产品质量长期高质稳定发展。企业通过ISO9001质量管理、ISO14001环境管理、GB/T 20081职业健康安全管理三大体系认证，并通过计量体系认证，这保证了公司质量体系的有效运行。公司拥有先进的产品质量检测系统，这为产品质量实现稳定高质提供了坚实的技术支持。公司在多变且竞争激烈的市场环境条件下，掌握市场信息脉动，自我持续不断地完善，为企业的永续经营奠定了坚实的基础。公司以引领行业为发展目标，以客户满意为最高标准，与客户同发展，与社会共进步。

帝龙新材料（临沂）有限公司、成都帝龙新材料有限公司、廊坊帝龙新材料有限公司也按同样的技术标准生产该产品。

本产品采用特殊树脂浸胶饰面材料，经特殊的高温、高压工艺复合于100%无石棉纤维水泥基材板面，采用双饰面同时复合工艺制作。

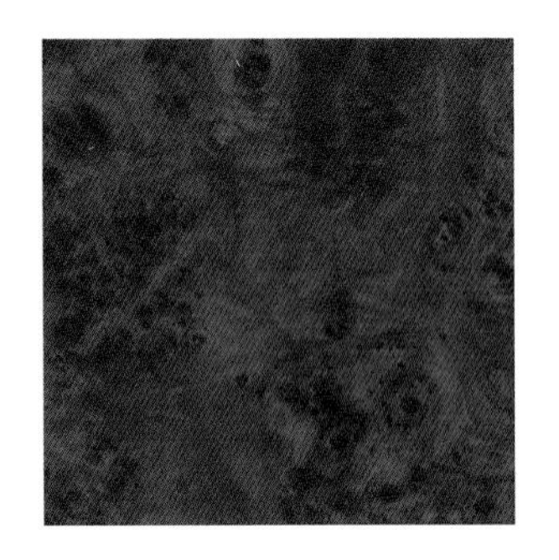 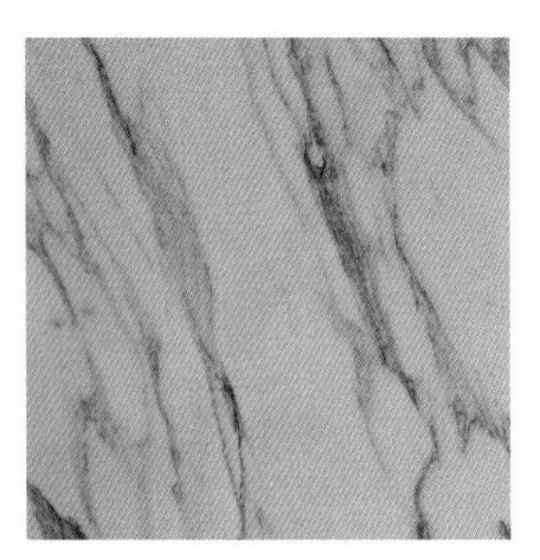 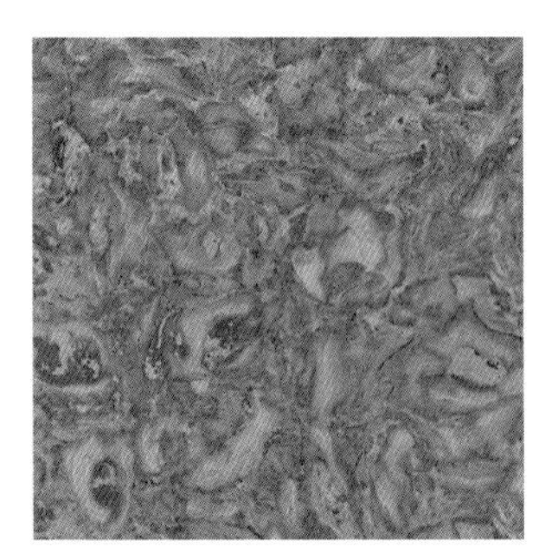 

冰火板

适用范围

产品广泛应用于城市地下隧道、地铁、人防、市政建设各个领域，适用于住宅、宾馆、酒店、会所、办公室、各种娱乐场所等室内装饰。

浙江帝龙新材料股份有限公司

地址：浙江省临安市玲珑工业区环南路1958路

电话：0571-63722338

传真：0571-63721526

技术指标

项目	指标
密度	$1.4<D\quad 1.7g/cm^3$
静曲强度/气干状态	16MPa
表面胶合强度	0.6MPa
表面耐磨性能	0.10g/100r
吸水膨胀率	0.23%
表面耐热冷循环	无破裂、龟裂现象
抗折强度/气干状态	板厚5mm，24.1~27.5MPa
抗击强度/气干状态	板厚5mm，5.42~6.1kJ/r^2 2
	板厚5mm，5.9~6.64kJ/r^2 2
石棉含量	100%不含石棉，可安全应用
放射性	1.01r,可安全应用
不燃性	A2

施工安装

安装方式（一）：轻钢龙骨留缝胶贴法。该方式适用于设计要求需留缝打胶，对基层消防验收有要求的工程。5mm厚板建议采用此方式。

安装方式（二）：点挂，倒45°角或圆角无缝拼装。该方式适用于墙面面积较大、层高较高的墙面，板面花式选为石纹的饰面板；该方法适用于基层为水泥砂浆的墙面，安装后视觉效果较好，仿真度较高，在原有墙面可直接安装。

安装方式（三）：铝型材明装法。该方式适用一般工程，如办公室走廊墙面、公共餐厅墙面、基层需要处理的墙面（木工板作底或冲木龙骨），安装便捷。

工程案例

生产企业

帝，要求产品质量是帝王的使用标准；龙，企业的发展立于行业的龙头地位。公司是国内装饰纸行业的上市企业，是专业从事装饰材料的研发设计、生产和销售的国家高新技术企业，主要生产“帝龙牌”装饰纸、浸渍纸、金属饰面板、阳极氧化铝（卷）板、PVC产品五大系列产品。

在各级政府和部门的支持下，公司于2008年6月在深圳A股成功上市。凭借良好的品牌形象、优异的产品质量和扎实的服务能力，帝龙不断发展壮大，企业现占地面积138000m^2，标准厂房910000余平方米，注册资金10020万元;拥有国内领先水平的全自动高速装饰纸印刷生产线15条（配套德国ENULEC公司静电吸墨系统），26色自动配墨系1条，卧式两级浸渍纸生产6条，金属饰面板生产线五条及荷兰引进的拉丝和磨花生产线各1条，阳极氧化铝（卷）板生产线两条。公司自成立以来，先后被评为国家高新技术企业、中国对外贸易AAA级信用企业、全国优秀福利企业、浙江省高新技术企业、浙江省科技型中小企业、浙江省专利示范企业、杭州市AA级标准化企业、杭州市AAA级信用企业；“帝龙”商标被评为浙江省著名商标，其装饰纸和金属饰面板被评为浙江名牌产品。帝龙始终以争创世界名牌产品为目标，产品质量严格把关，实现了产品质量长期高质稳定发展。企业通过ISO9001质量管理、ISO14001环境管理、GB/T 20081职业健康安全管理三大体系认证，并通过计量体系认证，这保证了公司质量体系的有效运行。公司拥有先进的产品质量检测系统，这为产品质量实现稳定高质提供了坚实的技术支持。公司在多变且竞争激烈的市场环境条件下，掌握市场信息脉动，自我持续不断地完善，为企业的永续经营奠定了坚实的基础。公司以引领行业为发展目标，以客户满意为最高标准，与客户同发展，与社会共进步。

帝龙新材料（临沂）有限公司、成都帝龙新材料有限公司、廊坊帝龙新材料有限公司也按同样的技术标准生产该产品。

金属饰面板是由浙江帝龙新材料股份有限公司独立研制的新技术产品，既可以替代金属材料用于装潢，制作家具、办公设备等，又比人造饰面板及其他装饰材料在外观和内在品质上更美观先进。金属饰面板具有防火、防水、环保、耐污染、耐腐蚀等优点。产品有铝木复合、铝塑复合、铝铝复合、铝铁复合四大系列。

浙江帝龙新材料股份有限公司

地址：浙江省临安市玲珑工业区环南路1958路
电话：0571-63722338
传真：0571-63721526

适用范围

金属饰面板系列产品绿色环保，具备较强的防火、防水性能，产品广泛适用于宅内装饰、各类高档酒店、娱乐场所以及洁具橱柜等。

技术指标

项目	单位	指标
表面胶合强度	MPa	1
密度	g/cm^3	0.7～1.2
表面耐划痕	—	0.5N表面无整圈连续划痕
表面耐水蒸气	—	不允许有突起、变色和龟裂
防火性能	—	B1

施工安装

1．现在墙体表面装订石膏板或木工板，再将金属板的四边根据安装尺寸要求用长细侧修理平整光滑。

2．在装订墙上或木工板表面和金属板反面刷上专用的木工板，等待15分钟，然后将金属板平整地粘贴到石膏板或木工板上，如稍微有点不平可在金属板表面垫软木用橡胶榔头轻轻敲击，使板面平整。

3．在安装包柱的时候出现90°的阴角和阳角（在连接阴角时只要直接将包柱处的金属板覆盖在平面板上；在连接阳角时就要根据安装尺寸在金属板反面画线开V形槽，将金属板进行折边包覆。V形槽口最深处到金属板正面铝箔尺寸为0.2～0.3mm。

工程案例

深圳东部华侨城、西安美华金唐国际酒店、深圳长丰大酒店、西安水晶岛酒店、深圳御景大酒店、陕西榆林人民大厦、深圳678会所、西安禹龙大酒店、广东广州凯乐会、西安天域凯莱大酒店、广东广州颐和山庄、西安颐和宫大酒店、广东湛江皇冠大酒店、陕西延安延长集团、广东汕头星城会所、西安西岸会所等。

生产企业

帝，要求产品质量是帝王的使用标准；龙，企业的发展立于行业的龙头地位。公司是国内装饰纸行业的上市企业，是专业从事装饰材料的研发设计、生产和销售的国家高新技术企业，主要生产“帝龙牌”装饰纸、浸渍纸、金属饰面板、阳极氧化铝（卷）板、PVC产品五大系列产品。

在各级政府和部门的支持下，公司于2008年6月在深圳A股成功上市。凭借良好的品牌形象、优异的产品质量和扎实的服务能力，帝龙不断发展壮大，企业现占地面积138000m^2，标准厂房910000余平方米，注册资金10020万元;拥有国内领先水平的全自动高速装饰纸印刷生产线15条（配套德国ENULEC公司静电吸墨系统），26色自动配墨系1条，卧式两级浸渍纸生产6条，金属饰面板生产线五条及荷兰引进的拉丝和磨花生产线各1条，阳极氧化铝（卷）板生产线两条。公司自成立以来，先后被评为国家高新技术企业、中国对外贸易AAA级信用企业、全国优秀福利企业、浙江省高新技术企业、浙江省科技型中小企业、浙江省专利示范企业、杭州市AA级标准化企业、杭州市AAA级信用企业；“帝龙”商标被评为浙江省著名商标，其装饰纸和金属饰面板被评为浙江名牌产品。帝龙始终以争创世界名牌产品为目标，产品质量严格把关，实现了产品质量长期高质稳定发展。企业通过ISO9001质量管理、ISO14001环境管理、GB/T 20081职业健康安全管理三大体系认证，并通过计量体系认证，这保证了公司质量体系的有效运行。公司拥有先进的产品质量检测系统，这为产品质量实现稳定高质提供了坚实的技术支持。公司在多变且竞争激烈的市场环境条件下，掌握市场信息脉动，自我持续不断地完善，为企业的永续经营奠定了坚实的基础。公司以引领行业为发展目标，以客户满意为最高标准，与客户同发展，与社会共进步。

帝龙新材料（临沂）有限公司、成都帝龙新材料有限公司、廊坊帝龙新材料有限公司也按同样的技术标准生产该产品。

生产饰面用浸渍胶膜纸，是由专用纸浸渍氨基树脂制成的胶膜纸，并干燥到一定程度，经热压可相互粘合或覆贴在人造板表面的浸胶纸（简称胶膜纸）。

生产此种胶膜纸所有树脂均为氨基树脂，经浸渍、烘干、裁切、堆垛即成为成品胶膜纸。

浙江帝龙新材料股份有限公司

地址：浙江省临安市玲珑工业区环南路1958路

电话：0571-63722338

传真：0571-63721526

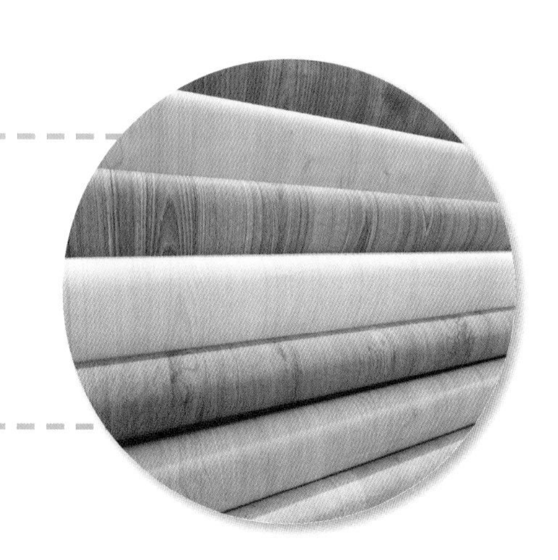

适用范围

饰面用浸渍胶膜纸，用途较为广泛：

1.使用表层胶膜纸，装饰层胶膜纸和底层胶膜纸可以生产压木质地板，作为家庭地面装修、办公场所及商品、酒店等公共场所地面装修用。

2.使用装饰层胶膜纸，可以贴于刨花板、细木工板、中纤板、多层胶合板等的两面，经热压后，可以做办公家具及家庭居住家具等使用。

技术指标

检测项目		技术要求	检测结果
重金属（或其他）元素，mg/kg	钡	1000	<0.1
	铬	60	1
	铅	90	<0.1
	汞	20	<0.1
甲醛， mg/kg		120	118

生产企业

帝，要求产品质量是帝王的使用标准；龙，企业的发展立于行业的龙头地位。公司是国内装饰纸行业的上市企业，是专业从事装饰材料的研发设计、生产和销售的国家高新技术企业，主要生产“帝龙牌”装饰纸、浸渍纸、金属饰面板、阳极氧化铝（卷）板、PVC产品五大系列产品。

在各级政府和部门的支持下，公司于2008年6月在深圳A股成功上市。凭借良好的品牌形象、优异的产品质量和扎实的服务能力，帝龙不断发展壮大，企业现占地面积138000m^2，标准厂房910000余平方米，注册资金10020万元；拥有国内领先水平的全自动高速装饰纸印刷生产线15条（配套德国ENULEC公司静电吸墨系统），26色自动配墨系1条，卧式两级浸渍纸生产6条，金属饰面板生产线五条及荷兰引进的拉丝和磨花生产线各1条，阳极氧化铝（卷）板生产线两条。公司自成立以来，先后被评为国家高新技术企业、中国对外贸易AAA级信用企业、全国优秀福利企业、浙江省高新技术企业、浙江省科技型中小企业、浙江省专利示范企业、杭州市AA级标准化企业、杭州市AAA级信用企业；“帝龙”商标被评为浙江省著名商标，其装饰纸和金属饰面板被评为浙江名牌产品。帝龙始终以争创世界名牌产品为目标，产品质量严格把关，实现了产品质量长期高质稳定发展。企业通过ISO9001质量管理、ISO14001环境管理、GB/T 20081职业健康安全管理三大体系认证，并通过计量体系认证，这保证了公司质量体系的有效运行。公司拥有先进的产品质量检测系统，这为产品质量实现稳定高质提供了坚实的技术支持。公司在多变且竞争激烈的市场环境条件下，掌握市场信息脉动，自我持续不断地完善，为企业的永续经营奠定了坚实的基础。公司以引领行业为发展目标，以客户满意为最高标准，与客户同发展，与社会共进步。

帝龙新材料（临沂）有限公司、成都帝龙新材料有限公司、廊坊帝龙新材料有限公司也按同样的技术标准生产该产品。

阳极氧化铝板

YANG JI YANG HUA LV BAN

本产品是铝材表面通过电解作用形成一层致密的氧化铝薄膜，此薄膜的硬度可以达到蓝宝石的级别，而且透明，此保护层能防止铝材被腐蚀。氧化膜的形成不破坏铝材表面金属感，同时此工艺生产的氧化膜是一种多孔层，能通过染色或者电解着色填充各种各样的颜色进入，使表面能有更多颜色选择，多孔层经过封孔之后其耐腐蚀性能更好。

由于氧化膜本身透明，所以之前处理的抛光以及砂面效果都不会被破坏。更加丰富的金属表面反光性能，让铝材表面状态更加丰富。

通过二次氧化处理，产品可以获得有层次感的图案，给人一种浮雕的感觉，完全能够满足人们对颜色图案的需求。产品可以广泛应用在各类装修之中，良好的金属感，丰富的图案与颜色，让装修与众不同。

氧化膜厚度2～5μm，室外产品10μm以上，染色整卷色差控制$\Delta E<2.0$ 。镜面产品反射率在89%以上，其他产品光泽度依据客户要求。

浙江帝龙新材料股份有限公司

地址：浙江省临安市玲珑工业区环南路1958路

电话：0571-63722338

传真：0571-63721526

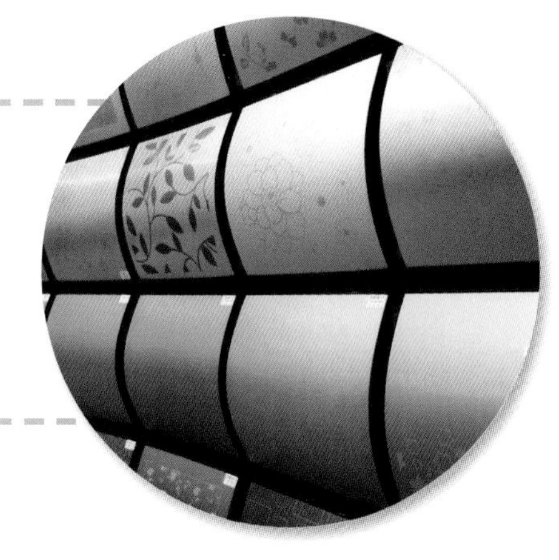

适用范围

可用于各种室内外装修；同时由于氧化膜的绝缘性，可以使用在电器面板，灯具反光板产品上。

技术指标

维氏硬度，Nf/mm²(HV100)	HV26.2
拉伸强度,MPa	165.4
屈服强度,MPa	140.8
断裂伸长率，%	2.9
色彩度	色彩均匀一致，不褪色
色彩度（10h 氙灯老化后）	色彩均匀一致，不褪色
反射率，%	83
色彩度（10h紫外老化后）	色彩均匀一致，不褪色

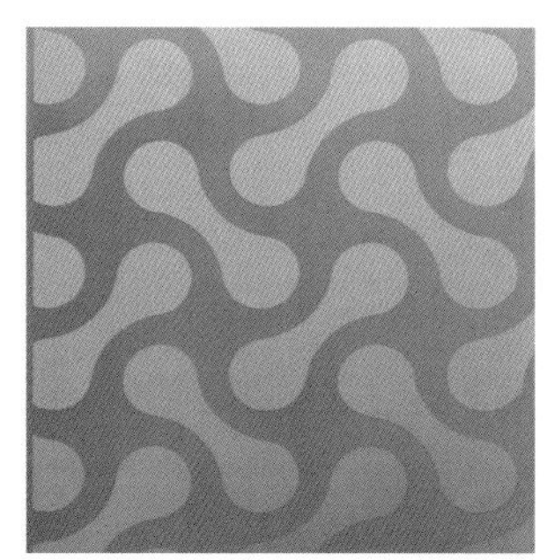

生产企业

帝，要求产品质量是帝王的使用标准；龙，企业的发展立于行业的龙头地位。公司是国内装饰纸行业的上市企业，是专业从事装饰材料的研发设计、生产和销售的国家高新技术企业，主要生产“帝龙牌”装饰纸、浸渍纸、金属饰面板、阳极氧化铝（卷）板、PVC产品五大系列产品。

在各级政府和部门的支持下，公司于2008年6月在深圳A股成功上市。凭借良好的品牌形象、优异的产品质量和扎实的服务能力，帝龙不断发展壮大，企业现占地面积138000m^2，标准厂房910000余平方米，注册资金10020万元；拥有国内领先水平的全自动高速装饰纸印刷生产线15条（配套德国ENULEC公司静电吸墨系统），26色自动配墨系1条，卧式两级浸渍纸生产6条，金属饰面板生产线五条及荷兰引进的拉丝和磨花生产线各1条，阳极氧化铝（卷）板生产线两条。公司自成立以来，先后被评为国家高新技术企业、中国对外贸易AAA级信用企业、全国优秀福利企业、浙江省高新技术企业、浙江省科技型中小企业、浙江省专利示范企业、杭州市AA级标准化企业、杭州市AAA级信用企业；“帝龙”商标被评为浙江省著名商标，其装饰纸和金属饰面板被评为浙江名牌产品。帝龙始终以争创世界名牌产品为目标，产品质量严格把关，实现了产品质量长期高质稳定发展。企业通过ISO9001质量管理、ISO14001环境管理、GB/T 20081职业健康安全管理三大体系认证，并通过计量体系认证，这保证了公司质量体系的有效运行。公司拥有先进的产品质量检测系统，这为产品质量实现稳定高质提供了坚实的技术支持。公司在多变且竞争激烈的市场环境条件下，掌握市场信息脉动，自我持续不断地完善，为企业的永续经营奠定了坚实的基础。公司以引领行业为发展目标，以客户满意为最高标准，与客户同发展，与社会共进步。

帝龙新材料（临沂）有限公司、成都帝龙新材料有限公司、廊坊帝龙新材料有限公司也按同样的技术标准生产该产品。

装饰纸是以原纸和调制好的油墨为主要原材料，用版滚进行印刷，根据版滚的各种图案、规格来决定装饰纸的图案和规格，其颜色的搭配是由油墨来支配。

浙江帝龙新材料股份有限公司

地址：浙江省临安市玲珑工业区环南路1958路
电话：0571－63722338
传真：0571－63721526

适用范围

广泛应用于家具、橱柜、地板、建筑环境的装饰中，也是强化地板和板式家具的重要原材料。

技术指标

<table>
<tr><th colspan="2">检测项目</th><th>技术要求</th><th>检测结果</th></tr>
<tr><td rowspan="8">重金属（或其他）元素，mg/kg</td><td>钡</td><td>≤1000</td><td>符合</td></tr>
<tr><td>镉</td><td>≤1000</td><td>符合</td></tr>
<tr><td>铬</td><td>≤60</td><td>符合</td></tr>
<tr><td>铅</td><td>≤90</td><td>符合</td></tr>
<tr><td>砷</td><td>≤8</td><td>符合</td></tr>
<tr><td>汞</td><td>≤20</td><td>符合</td></tr>
<tr><td>硒</td><td>≤165</td><td>符合</td></tr>
<tr><td>锑</td><td>≤20</td><td>符合</td></tr>
<tr><td colspan="2">甲醛，mg/kg</td><td>≤120</td><td>符合</td></tr>
</table>

生产企业

帝，要求产品质量是帝王的使用标准；龙，企业的发展立于行业的龙头地位。公司是国内装饰纸行业的上市企业，是专业从事装饰材料的研发设计、生产和销售的国家高新技术企业，主要生产“帝龙牌”装饰纸、浸渍纸、金属饰面板、阳极氧化铝（卷）板、PVC产品五大系列产品。

在各级政府和部门的支持下，公司于2008年6月在深圳A股成功上市。凭借良好的品牌形象、优异的产品质量和扎实的服务能力，帝龙不断发展壮大，企业现占地面积138000m^2，标准厂房910000余平方米，注册资金10020万元；拥有国内领先水平的全自动高速装饰纸印刷生产线15条（配套德国ENULEC公司静电吸墨系统），26色自动配墨系1条，卧式两级浸渍纸生产6条，金属饰面板生产线五条及荷兰引进的拉丝和磨花生产线各1条，阳极氧化铝（卷）板生产线两条。公司自成立以来，先后被评为国家高新技术企业、中国对外贸易AAA级信用企业、全国优秀福利企业、浙江省高新技术企业、浙江省科技型中小企业、浙江省专利示范企业、杭州市AA级标准化企业、杭州市AAA级信用企业；“帝龙”商标被评为浙江省著名商标，其装饰纸和金属饰面板被评为浙江名牌产品。帝龙始终以争创世界名牌产品为目标，产品质量严格把关，实现了产品质量长期高质稳定发展。企业通过ISO9001质量管理、ISO14001环境管理、GB/T 20081职业健康安全管理三大体系认证，并通过计量体系认证，这保证了公司质量体系的有效运行。公司拥有先进的产品质量检测系统，这为产品质量实现稳定高质提供了坚实的技术支持。公司在多变且竞争激烈的市场环境条件下，掌握市场信息脉动，自我持续不断地完善，为企业的永续经营奠定了坚实的基础。公司以引领行业为发展目标，以客户满意为最高标准，与客户同发展，与社会共进步。

帝龙新材料（临沂）有限公司、成都帝龙新材料有限公司、廊坊帝龙新材料有限公司也按同样的技术标准生产该产品。

装饰纸饰面板

ZHUANG SHI ZHI SHI MIAN BAN

普通装饰纸饰面板是以刨花板、纤维板等人造板为基材，以浸渍胶膜纸为饰面材料的装饰板材。通过热压工艺将人造板材与浸渍胶膜纸进行压贴结合，可应用于家具制造和内饰装修等领域。

高光亮镜面装饰板是在普通三聚氰胺人造饰面板基础上进行技术改造（浸渍胶水采用纳米技术配方，压贴钢板采用高光亮不锈钢板，压贴工艺采用冷进冷出法），制造工艺国内领先。该产品替代了油漆及UV装饰板，其表面光洁度及平整度很好，具有镜面效果，不会出现“波纹、起橘皮”现象。产品具有防水、耐火、抗划性能好，色牢度高等特点，长期使用，不会出现划伤、褪色、变色现象，易于加工切割，很柔韧，切割时不会出现崩边、崩口现象。

浙江帝龙新材料股份有限公司

地址：浙江省临安市玲珑工业区环南路1958路
电话：0571-63722338
传真：0571-63721526

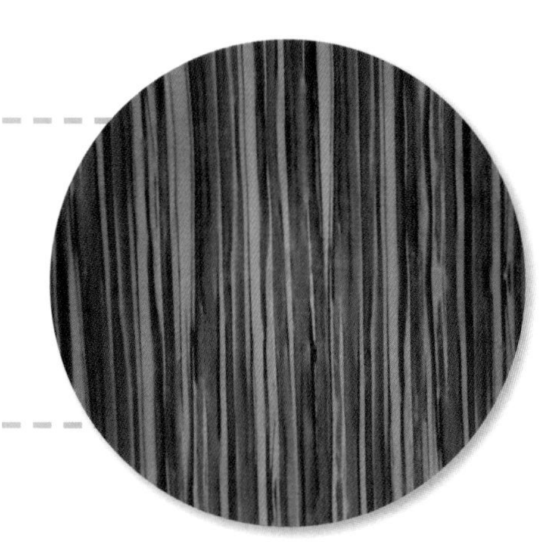

适用范围

产品广泛适用于内墙装饰家装精装修、公共空间装修、办公空间装修、橱柜、衣柜、板式桌椅、地面、顶板装饰。

技术指标

检测项目		单位	规定标准值	单项结果
吸水厚度膨胀率		%	8.0	合格
甲醛释放量（40L）		mg/L	E1：1.5	合格
表面耐污染腐蚀		—	无污染、无腐蚀	合格
表面耐龟裂		—	0～1级	合格
表面胶合强度		MPa	0.60	合格
握螺钉力	板面	N	1000	合格
	板边	N	700	合格

施工安装

可以采用型材安装、密缝安装和填缝安装。

生产企业

帝，要求产品质量是帝王的使用标准；龙，企业的发展立于行业的龙头地位。公司是国内装饰纸行业的上市企业，是专业从事装饰材料的研发设计、生产和销售的国家高新技术企业，主要生产“帝龙牌”装饰纸、浸渍纸、金属饰面板、阳极氧化铝（卷）板、PVC产品五大系列产品。

在各级政府和部门的支持下，公司于2008年6月在深圳A股成功上市。凭借良好的品牌形象、优异的产品质量和扎实的服务能力，帝龙不断发展壮大，企业现占地面积138000m^2，标准厂房910000余平方米，注册资金10020万元；拥有国内领先水平的全自动高速装饰纸印刷生产线15条（配套德国ENULEC公司静电吸墨系统），26色自动配墨系1条，卧式两级浸渍纸生产6条，金属饰面板生产线五条及荷兰引进的拉丝和磨花生产线各1条，阳极氧化铝（卷）板生产线两条。公司自成立以来，先后被评为国家高新技术企业、中国对外贸易AAA级信用企业、全国优秀福利企业、浙江省高新技术企业、浙江省科技型中小企业、浙江省专利示范企业、杭州市AA级标准化企业、杭州市AAA级信用企业；“帝龙”商标被评为浙江省著名商标，其装饰纸和金属饰面板被评为浙江名牌产品。帝龙始终以争创世界名牌产品为目标，产品质量严格把关，实现了产品质量长期高质稳定发展。企业通过ISO9001质量管理、ISO14001环境管理、GB/T 20081职业健康安全管理三大体系认证，并通过计量体系认证，这保证了公司质量体系的有效运行。公司拥有先进的产品质量检测系统，这为产品质量实现稳定高质提供了坚实的技术支持。公司在多变且竞争激烈的市场环境条件下，掌握市场信息脉动，自我持续不断地完善，为企业的永续经营奠定了坚实的基础。公司以引领行业为发展目标，以客户满意为最高标准，与客户同发展，与社会共进步。

帝龙新材料（临沂）有限公司、成都帝龙新材料有限公司、廊坊帝龙新材料有限公司也按同样的技术标准生产该产品。

PVC木纹装饰片是一种新型环保材料，它具有木纹仿真感强、防水、耐酸碱侵蚀、离火自熄等特点，具有不褪色，不需油漆、操作方便等优点，缩短了生产工期，降低了生产成本，为众多家具、门窗厂家之首选产品，十分有利于室内装修。

永孚牌PVC木纹装饰片的产品特点：漆面坚固、不易磨损、不易变形、不易开裂；色泽、纹路分布均匀，没有色差，外观美观；防潮性能好，在潮湿的地方家具不易变形；灵活性强，款式可千变万化；资源利用率高，工艺性能好，便于大批量加工，生产成本低；拥有亮丽、协调的色彩，能与最时尚的设计同步。

浙江帝龙永孚新材料有限公司

地址：浙江省余杭区仁和镇东塘洪家舍25号

电话：0571-86307108

传真：0571-86307077

适用范围

产品目前主要用在家具、门窗、吊顶、产品外包装上，随着古老技术与现代化科技手段完美地融合，厨房、卫生洁具的生产厂家也纷纷投入其中。

技术指标

按GB/T 2406.1、GB/T 2406.2、GB/T、GB/T 16422.2、GB/T 2028-94、GB/T 18585、GB/T 2028和GB/T1040.3标准执行，具体如下：

加热变化率，%	纵向　横向　-10～+10	
直角撕裂强度,kN/m	纵向　横向≥ 45	符合
耐老化性能(400小时耐候性试验)	≥3级	符合
耐化学腐蚀性能	试样无可视变化	符合
有害物质	符合限值规定	符合
耐寒性（-10℃,5小时）	无裂纹	符合
剥离强度，N	纵向　横向≥15或剥不开	符合

施工安装

产品分自粘和无背胶二种，可贴于胶合板、刨花板、纤维板、木工板等各种板材，也可贴于水泥板、石棉板、金属板等多种型材之上，可以用手工操作亦可以通过真空覆膜机将PVC装饰片牢固地粘贴于板材表面。该工艺已广泛使用，并已形成工厂化大规模生产。

工程案例

浙江金迪门业有限公司、浙江江山欧派股份有限公司、广州天之湘装饰材料有限公司、广州市鸿盛家具有限公司、广东顶固集创家居股份有限公司等。

生产企业

帝龙厂区

浙江帝龙永孚新材料有限公司由浙江帝龙新材料股份有限公司和杭州和林装饰材料有限公司（前身为杭州永孚塑胶技术有限公司）共同出资建立。公司成立于2011年6月，位于杭州市余杭区仁和镇三白潭村洪家舍25号。公司注册资本6000万元，员工140人，其中技术工人占公司总人数的60%，公司现有PVC木纹片生产线5条，是浙江省具一定规模的PVC木纹片生产厂家。“永孚”牌商标被评为建筑装饰协会推荐品牌，花色品种极其丰富，产品畅销全国30个省市、自治区，并且出口欧美、东南亚、非洲、中东等二十多个国家和地区。

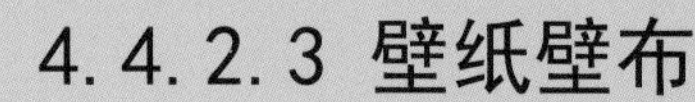

4.4.2.3 壁纸壁布

无缝壁布

WU FENG BI BU

金沃菲无缝墙布根据室内墙面高度设计，按室内墙面的周长整体粘贴墙布，一般幅宽在2.8～3m。“无缝”即整体施工，立体感强、色泽丰富，避免了普通墙纸、墙布拼接缝开裂的烦恼。由于产品无需拼缝，不用对花，可根据用户的需要，按墙面的周长裁剪发货，减少了浪费。

金沃菲无缝墙布采用高科技纳米技术，采用涂层植绒与复合技术，产品具有良好的透气性，因此又被称为“会呼吸的墙布”。墙面湿度大，它可以透过微小细孔排出墙内潮气，也不会出现发黄、霉变、腐烂等情况。多功能无缝墙布产品本身具有隔热保温功能，冬暖夏凉，这是其他材料无法相比的。将整块的墙布粘贴在墙上，其耐磨性和强牢度对墙面能起到保护作用，就像给整个墙面又增加了一层软钢丝网。

产品还有一大优点：特别适用于旧墙翻新，如乳胶漆墙因多年使用需翻新，只要墙面平整，没有松散脱落，不用再次铲墙皮、批腻子，只要涂刷针对乳胶漆墙面的基膜（防止乳胶漆脱落）即可直接施工。

绍兴县金沃墙布有限公司

地址：绍兴县柯岩街道余渚路（亨通工贸内）

电话：13173983333

传真：0575-84367338

适用范围

无缝墙布应用广泛：星级酒店、宾馆、奢华会所、酒吧、KTV娱乐场所、写字楼等公共场所；家居用于豪华别墅、公寓、商品房以及普通住宅房的装修或翻修。

产品规格

宽：280cm、300cm　长:10000cm左右。

技术指标

检验项目			标准要求	检验结果
环保性能	重金属，mg/kg	钡	≤1000	123.9
		镉	≤25	未检出
		铬	≤60	未检出
		铅	≤90	未检出
		砷	≤8	未检出
		硒	≤165	未检出
		锑	≤120	未检出
	氯乙烯单体，mg/kg		≤1.0	未检出
	甲醛，mg/kg		≤1.0	未检出

施工安装

墙布的施工直接影响到其美观性与使用寿命。

进驻现场首先检查墙面是否平整、干净，保证墙面表皮无松动。

墙体承载能力（即硬度）检测：

（1）用拇指甲做压力试验，如试验部位无压痕说明墙体硬度符合粘贴墙布。

（2）用手掌摩擦，检查是否产生粉末。如有粉末产生，说明该墙体没达标，松软粉化，视墙体情况可重新批刮或选用渗透性固化基膜处理。

胶水调制要点：无糊核状，要求透明，易涂刷。

确定墙面基膜干燥后，开始滚刷墙布胶，滚刷墙面必须均匀，后方可上墙粘贴墙布。将墙布沿垂线方向张贴，要垂直且水平，如阴角不直，可在阴角处进行搭接裁切。施工过程中刮板或手将胶水带至墙布面的，应及时用湿海绵擦拭干净。为确保成型后的墙布面不留污垢、胶痕，应勤换水。

粘贴无缝墙布尽量要求两人操作，过程轻松则速度可以加快。

粘贴完整房间后，进行全面检查，发现有气泡用家用熨斗即可解决。

工程案例

二十一世纪大酒店等。

生产企业

绍兴县金沃墙布有限公司位于绍兴柯岩街道佘渚（亨通工贸园区），是一家集研发、生产、销售为一体的专业无缝墙布公司。公司自成立以来，以为客户提供高品质墙布为宗旨，十分注重产品研发的投入，积极引进高科技用料和生产技术，并聘请资深专家作为技术顾问，结合市场需求，不断研发出具有竞争力的新产品，引领行业的发展。同时，产品在设计上汲取世界先进墙纸工艺，结合中国家居特点，将国际时尚元素自然融入，让经典与时尚完美融合。

轩品墙布面料采用大提花色织布为主，结合其他一些生产工艺，具有色彩丰富、图案美丽、时尚豪华等特点，且不易退色；墙布背部采用高分子水溶性环保涂层，因具有吸水性好、环保、透气性好等特点，使该墙布成为了会呼吸的墙布。轩品墙布宽度有2.8～3m，把门幅宽度作为高度用，铺贴在墙面上。因一般住宅实际墙面高度在2.6～3m之间，所以能满足绝大多数住宅装修的需求，按实际房型需要剪布，损耗小。轩品墙布具有了防水、防火、防污、防油等功能，另外根据客户需要还可以做防菌处理。如果表面不小心弄脏了，可用洗洁剂加清水用干毛巾擦洗。所以和墙纸比较，轩品墙布不仅具有以上优点，还可以无缝铺贴，具有不易翘边、开裂、霉变、使用寿命长等优点。

浙江丰宇纺织有限公司

地址：浙江绍兴柯岩街道路南工业区

电话：0575－81167379

传真：0575－84078953

适用范围

别墅、公寓、办公楼、宾馆、饭店、写字楼、KTV、酒吧和公共场所等。

产品规格

门幅：2.8～3m　长度：100m。

技术指标

检验项目		标准要求	检验结果
可溶性重金属（或其他）元素，mg/kg	钡	≤1000	68.0
	镉	≤25	未检出
	铬	≤60	未检出
	铅	≤90	2.2
	砷	≤8	未检出
	汞	≤20	未检出
	硒	≤165	未检出
	锑	≤20	18.3
氯乙烯单体，mg/kg		≤1.0	未检出未检出
甲醛，mg/kg		≤120	未检出

施工安装

1．先清洁平整墙面；

2．墙面上刷基膜；

3．准备好墙布专用工具，如壁布刀、红外线定位仪、胶辊等；

4．调好墙布胶；

5．基膜干了以后必须均匀将胶水滚在墙上，要适量；

6．用红外线定位仪定好竖横方向，然后根据这个位置将墙布顺墙放下，上下位置对好，用刮板把墙布刮平贴在墙上，把多余部分割除。刮板由内而外，由上而下刮，到边上后把多余挤出的胶水用干净半湿毛巾擦干净。

工程案例

AS会所等。

生产企业

浙江丰宇纺织有限公司是集产品研发、生产、销售于一体的实业、实体企业，公司坐落在浙江绍兴柯桥——中国轻纺城旁边，建筑面积三万多平方米。下属诸暨市丰宇纺织厂面积一万多平方米，已有十多年生产大提花家纺面料的历史，在业内具有较大影响力。公司多次受到各级有关部门的各种奖励。

无缝壁布

无缝墙布是指壁布的宽幅在2.7～3m，长度可定制或零裁的超高宽壁布，正面采用机织布面，原料有化纤、亚麻、棉麻混纺等，背面做涂层。

北京绿天然商贸有限公司

地址：北京市西城区茶马北街世纪茶贸中心1号楼3单元0518室
电话：010−53696007
传真：010−88212880

适用范围

天然材质织成的壁布，因其质地柔软，风格古朴自然，具有浓厚的生活气息，因而适合用于装饰卧室。吸声，隔声性能良好的壁布，则较适合铺装在需要安静的书房。

缎子面料的壁布更加高级，花样也更丰富，用起来古典雅致，用在客厅非常合适。

产品规格

定高2.7m或到3m多，基本满足了大多数墙高的需要。宽度（长度）根据用户墙面周长定量剪裁，施工后没有接缝，使墙面观感整齐，平展顺畅，使整个装饰装修既显得浑然一体，达到了某种艺术效果，又可以避免因接触处开边造成的使用寿命较短的问题。

技术指标

项目	国家标准	检验结果
可溶性镉	≤25mg/kg	未检出
可溶性铅	≤90mg/kg	未检出
可溶性砷	≤8mg/kg	未检出
可溶性汞	≤20mg/kg	未检出
可溶性硒	≤165mg/kg	未检出
可溶性锑	≤20mg/kg	未检出
氯乙烯单体	≤1.0mg/kg	未检出
可溶性钡	≤1000mg/kg	7.4
甲醛含量	≤120mg/kg	1.2

施工安装

在施工时，2.7m以上的宽幅可以满足95%以上的墙高要求，横向铺贴，横向长度可以零裁，所以，可以做到一面墙或一个整的房间没有接缝，一块布全部铺贴完成。

工程案例

中国农业银行总行、丽丝卡尔顿酒店、龙湖别墅•香缇西岸等。

长安律师事务所会议室

中国农业银行总行办公楼

太华公寓长桌餐厅

生产企业

北京绿天然商贸有限公司是一家集无缝壁布的专业研发、加工生产、销售、施工于一体的实体公司，与加拿大公司Green Natural 密切合作，共同开发“典雅、精致、绿色、环保”的科技创新型产品“绿天然”无缝壁布。公司力量雄厚，在国内拥有一批经验丰富的专家技术人员和高素质的技术工人，结合国际流行花色，配备国际化的生产设备和检查设备，制定健全的管理制度和科学严谨的质量体系，可为广大客户提供先进的产品和服务。多年来，公司始终遵循“质量为本、顾客至上”的经营理念，以“绿色之本、源于天然”为宗旨，精益求精，不断改进创新，完善质量管理，提高服务质量和效率。“绿天然”无缝壁布表层采用丝、涤、棉、麻等纯天然布料做为表面主材，内层采用环保的发泡涂层植绒技术。本公司产品独创新型工艺，采用优质高档的纯天然绿色环保原材料，与科研机构共同研发，对传统工艺和生产流程以及各道工序的材料配方等进行了多次改进和完善，成功研发出既环保健康又安全可靠的超高、超宽的“绿天然”无缝壁布。本产品获得了国家建筑材料监督检测中心颁发的“绿色环保建材选用推荐证书”，以及国家建筑材料监督检测中心授予的“绿色环保产品”证书等诸多荣誉。公司坚信，以客户需求为第一准则，不断完善产品，创建一流品牌，会使“绿天然”牌无缝壁布质量在行业中名列前茅。

七特丽高级无缝墙布2.0～3.0m，一般墙面高度在2.6m左右，完全满足了墙高的需要。宽度（长度）几十米直至上百米是本产品的最大优势和主要亮点，根据用户墙面周长定量剪裁，铺贴到墙面后没有接缝，不会出现卷边、翘边和开裂，也不会透胶透底，使墙面更加平展顺畅，观感整齐，视觉效果极佳，这是其他普通墙布（纸）所无法相比的。

七特丽高级无缝墙布由于背面采取高级涂层植绒技术，其吸水吸胶性极强，使墙布与墙面的附着力大大增强，因此用普通的墙粉和胶浆就能将高级无缝壁布牢牢地粘贴在墙上。由于产品不用对花也不用对缝，一般铺贴时只在阴角处剪裁，整面墙是一块布，施工较为简单，两人或一人也可施工，速度大大快于其他墙纸。由于根据用户需要按墙面周长剪裁发货，因此减少了浪费。由于墙布本身在工艺上增加了防水、防污、防油功能，因此，用洗涤灵和清水及干净毛巾即可清洗污点，如遇落灰用毛巾轻掸擦拭即可，所以该产品可以长久使用。

另外该产品还有一大优点，即特别适用于旧墙翻新。如旧乳胶漆墙因多年使用需翻新，只要墙面平整没有松动脱落，就不用铲墙皮，不用另刮腻子，而是直接在旧墙面上施工。

北京七特丽装饰材料有限公司

地址：德胜门美江大厦319室

电话：010-82237098

传真：010-62045828

适用范围

适用范围广泛，可应用于宾馆、饭店、招待所、酒吧、KTV、写字楼等公共场所，也可应用于别墅、公寓、普通住宅楼的装修、翻修。

技术指标

项目	国家标准	检验结果
可溶性镉	≤25mg/kg	未检出
可溶性铅	≤90mg/kg	未检出
可溶性砷	≤8mg/kg	未检出
可溶性汞	≤20mg/kg	未检出
可溶性硒	≤165mg/kg	未检出
可溶性锑	≤20mg/kg	未检出
氯乙烯单体	≤1.0mg/kg	未检出
可溶性钡	≤1000mg/kg	7.1
甲醛含量	≤120mg/kg	1.4

施工安装

1.铺贴前检查墙面要干净平整，墙皮表面无松动脱落。

2.使用贴壁纸或其他壁布的专用工具，其中最好选用专业进口壁纸刀。

3.先在墙面上滚刷墙基膜，并按比例调好无缝墙布胶。

4.基膜干后从墙壁的某阴角处开始滚刷壁布胶，一般按滚刷一面墙（上下滚均匀)后开始贴墙布。

5.将壁布顺墙面放直，上边高度和墙面高度一致，下端用一物品将整卷壁布垫齐在踢脚线上端。

6.将壁布滚展开，用刮板将壁布刮贴在墙上，顺序是由里至边，将壁布上下贴齐后再按顺序继续进行铺贴。

7.如阴角直，不用剪裁可继续进行以上这种滚展施工。如阴角不直，可在阴角处进行搭接剪裁。

8.如两人合作则速度更快，可量出阴角到阴角的长度，略留出一点余地把布裁好后，两人两头拉直由上至下、由里至边刮贴。

9.用干净的湿毛巾擦掉多余胶浆。

10.整屋贴完后进行全面检查，发现有气泡、鼓泡用家用蒸汽烫斗即可解决。

工程案例

中南海（紫光阁等）、钓鱼台国宾馆、人民大会堂宾馆、总政北戴河疗养院、公安部宾馆、北京市委北戴河疗养院、国务院北戴河疗养院、国务院资产管理大楼、国务院安防指挥中心全国人大会议中心宾馆、全国人大培训中心。

生产企业

北京七特丽装饰材料有限公司是一家集专业研发、加工生产、销售、施工“七特丽”牌无缝壁布的成长型公司。本公司产品独创新型工艺，采用优质高档原材料，与有关科研机构共同研发，对传统工艺和生产流程以及各道工序的材料配方等进行了多次改进和完善，终于成功地研发出了具有显明特点又安全可靠且性价比处于强大优势的“七特丽”牌无缝壁布，并荣获两项国家专利授权。